大師如何設計 找地蓋一間 完全自我的好房子

插圖・文章 畠山悟

瑞昇文化

這是我家

恰到好處的小型住宅

撮影／大槻夏路

吹動的風可以從家中穿過

門窗敞開，客廳就能成為庭院

客廳，右邊為寢室的空間

用鐵板製作的矮櫃

感覺就像「作品」一般

減少物品的數量，以精簡的方式生活

容易使用的I型廚房

紙門跟隔板也是自製

以開關的方式來區隔空間

埋在牆內的收納

從寢室看廚房

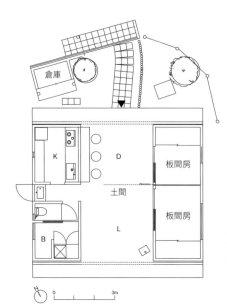

倉庫

K　D
板間房
板間房
土間
L
B

用地面積／389.18 ㎡
建築面積／52.17 ㎡
地板面積／52.17 ㎡
結構／木造平房建築
設計施工／畠山悟（Design 和俱）

N　0　　　3m

本作品榮獲「居住環境Design Award 2012」最優秀獎。

這是我家。它是一棟15坪左右的小型建築物。用地雖然只有130坪上下，但是被田地與森林包圍，在北邊可以看到大海，處於大自然的懷抱之中。

家中成員是伙伴M跟小柴犬春子。平日M會外出工作，我則是利用寢室的一角，來進行建築設計的工作。庭院的菜園種有各式各樣的蔬菜。早上起來用餐之後，我會帶春子出去散步。大多會順便帶著釣竿，用船到近海釣魚。收穫比較豐富的日子，會在散步回家時到附近的田裡，跟農家交換蔬菜。有時會有朋友在週末造訪，一邊喝酒一邊聊天。

或許會有人覺得，如果要進行建築設計的工作，在大城市生意會比較好。但是在這個年代，許多事情只要有網路就可以完成，必要的話跨上機車，要去哪裡都行（我自己沒有買車）。這種風格比較適合我。

來到我家的人，聽到這是我自己蓋的房子，都會感到吃驚。工期是冬季到夏季，大約6個月，費用約350萬日幣。聽到這點，大家都會更加的驚訝。每個人都認為一棟房子不可能如此便宜、如此的簡單。

我雖然是從事建築設計的工作，但實際蓋房子的作業，可沒有因此變得比較輕鬆。雙手沒有特別的靈巧、體力也跟一般人差不多，對於這樣的我來說，這6個月充滿困難與辛酸，絕對不是什麼輕鬆的日子。但是在完成的時候，滿足感與成就感從體內慢慢的湧上心頭。不但可以對自己有更多一份自信，未來似乎也多出幾分明亮的感覺。

從用各種角度來思考Self-Build的住宅，請允許我從這個部分開始。

我選擇由自己動手的理由

打算一輩子都租房子嗎？

要怎樣處理「住」這個問題，是人生中的一件大事。有錢或高收入的人，在居住方面應該不會有太多的困擾，但是對我這種低收入工作又不穩定的人來說，就算想要打造屬於自己的家，貸款起來總是會有許多困難，最後的選擇常常都是去租房子。

仔細思考一下，我們每個月努力工作來支付房租，住個50年，假設1個月是6萬日幣，累積起來則會有3,600萬日幣。這個計算結果，讓我覺得應該要盡早擺脫這種狀況，實現免付房租的生活。

要貸款來買房子嗎？

購買房子的時候，大多得貸款一筆不小的金額。貸款屬於負債，條件多少會有所落差，假設用35年的貸款來借2,000萬日幣，加上利息，償還的總金額有可能會達到3,000萬日幣，多出來的1,000萬日幣將成為銀行的利潤。也就是說，償還的金額之中竟然有3分之1是利息。對於低收入的人來說，貸款等於是將腳跨過地獄的門檻。因此打造自己的住宅時，要盡量避免高額的貸款。

工程費之中有一半以上是人事費

那麼，讓我們來看看打造一棟住宅的開銷內容（圖1）。支出項目的總額，大約有3分之1是混凝土或木材等建材、水費跟電費，以及衛浴等跟水相關之設備的「材料費」。一半是「人事費」。剩下來的則是設計費跟監工費等，支付給設計者跟施工者的部分。除此之外還會加上貸款的利息跟保險。

材料費的部分，就算想要稍微降低預算，基本上還是無從削減。但人事費跟付給建設公司的費用，則可以想辦法降低。

「賺取無形的所得」的思考方式

我個人認為，材料費以外的人事費用跟付給建設公司的部分，如果由自己動手（也就是Self-Build的方式），則打造一棟住宅的預算應該跟買一輛汽車差不多。

先前介紹的敝宅，如果委託建設公司來建造的話，價位應該是在1,000～1,100萬日幣之間，甚至是更高。其中大約有3分之1的350萬日幣是材料費，大約650萬日幣是人事費跟其他各種經費。另外一點，工程費跟購買土地的費用，當然得用貸款來支付，包含其中的手續費跟保險、利息與登記的費用，總金額應該將近1,300萬日幣（不包含購買土地的費用）。因此大約有950萬日幣，是人事費跟其他各種開銷。

我個人認為，這個金額可以用自己蓋的方式來「賺取」。雖然不會有現金進入自己的口袋之中，卻是一種「無形的所得」。

用打造住宅的1年「賺取950萬日幣」，跟施工期間為2～3年的案例相比，每年所能賺取的「無形所得」會相對性的降低，因此施工期間越短越好。

再加上這950萬日幣的無形所得不用課稅，以扣稅之後的金額來思考，實際賺到的會比這還要更多。

只有專業人士才能蓋房子嗎？

建築屬於專業的領域，必須委託建築師或建設公司來進行，許多人應該都抱持這種想法。但仔細調查一下各個工程的內容，會發現必須由專業人士負責的部分，其實並不多。只要某種程度的將道具湊齊，就算是外行人，技術方面可以勝任的項目不在少數。比方說將隔熱用的材質灌入等等，施工方法可以用網路查詢，材料也能用便宜的價位買到，現在已經成為最

■圖1　我家委託給建設公司的總工程費用（估算）

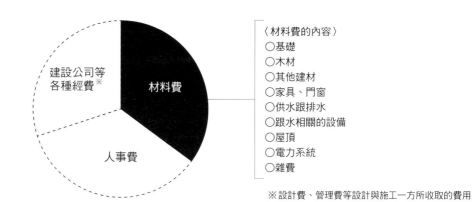

〈材料費的內容〉
○基礎
○木材
○其他建材
○家具、門窗
○供水跟排水
○跟水相關的設備
○屋頂
○電力系統
○雜費

建設公司等各種經費※

材料費

人事費

※設計費、管理費等設計與施工一方所收取的費用

初階的作業。

到了現代，自己動手蓋房子，實在是變得相當容易。因為在蓋的時候，可以將巨型經濟社會所帶來的恩澤，發揮到最大的限度。外行人雖然無法蓋得盡善盡美，但自己動手完成，可以讓人感到無限的自豪，心中產生的愛也不在話下。

以經濟面來看Self-Build

如果以極致的方式來追求自己動手蓋房子，成本幾乎可以壓到零。比方說在自己的土地種樹來當作材料，就能將材料費省下。但是就現實來看，樹木成長的速度跟人類壽命有相當的落差，可能好不容易將材料湊齊，人卻已經要踏入棺材。另外也可能尚未完成，就已經出現不得不去修補的部分。

就結果來看，花越多時間成本就越低，

花越多成本建造的時間就越短。一邊調整這兩者個關係一邊打造自己的住宅，才是合理的方式。所有一切要素，都跟成本有關（圖2）。

○以6個月打造的經濟性

有人會花幾十年的時間來打造自己的住宅，但只有在這段期間內不用擔心房租跟生活費的人，才能辦到這點。像我這種貧窮忙碌，無法花上好幾年的時間來打造自家的人，應該不在少數。就現實來看，許多人在打造自己家的同時，仍舊得面對工作跟生活費、小孩子的學業等許許多多的問題。

以經濟方面來考量，我希望自己家能蓋得越快越好。一旦時機成熟，6個月內就可一口氣地蓋好，計劃的時候必須以這點為前提。在這6個月之中，會把蓋房子當作自己的工作，以人生最大的限度來努

■圖2　打造住宅的時間跟成本的關係
打造住宅所花費的時間跟成本為反比的概念圖

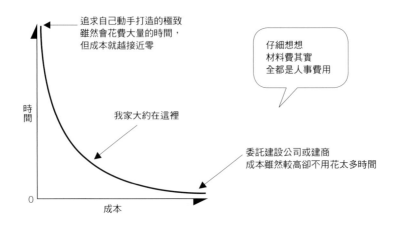

追求自己動手打造的極致
雖然會花費大量的時間，
但成本就越接近零

仔細想想
材料費其實
全都是人事費用

時間

我家大約在這裡

委託建設公司或建商
成本雖然較高卻不用花太多時間

0

成本

力。雖然辛苦，但還是說服自己，只要忍耐6個月就好。因此這也是將失業或退職等人生的危機化為轉機的大好機會。

另一點必須注意的，是動手打造房子之前的準備作業。計劃最好是能在退職的隔天就能展開基礎作業。但這只是計劃，隨時都能開始進行，以幾年後的「6個月」為目標，馬上就來踏出第一步。

○以「1個人打造」為基本

為了大幅削減人事費跟各種經費，要徹底貫徹一切由自己動手的原則。一棟住宅無法全部都由一個人完成，但基本上也不要去指望親友的協助。需要專業技巧的部分、需要人手的部分，現在已經有各種手段可以提供支援。

木材的切割跟接口的加工，可以拜託預切（Pre-cut）工廠。特殊加工的費用雖然不便宜，但只要是基本尺寸的加工，成本都可以降低到一定的程度。

工具跟材料的充實，讓外行人也能完成不亞於工匠的作業。遇到不懂的部分，也能用普及的電腦網路來查詢。運用這些現代的利器，來貫徹「自己一個人動手打造」的原則，這樣可以將人事費用降到最低。

一開始雖然相當辛苦，但越是接近完工，作業的順序就越來越是理想，技術方面也會有所進步。

○最重要的是注重「精簡」

因為外行用6個月的時間來打造，一切不可能盡善盡美。要將不切實際的夢想擺在一旁，住宅的設計、選擇材料、作業程序等等，全都要注重「精簡」。

不光是住宅本身，另外還包含居住跟生活方式。對想要堅持的部分多花一點預算，可以削減的部分則是徹底的刪除。以精簡的方式來思考，以精簡的手法來打造。這都可以幫我們減少開銷。

鳥山悟的經驗談

接下來的Self-Build將是普及型

到目前為止，會自己動手打造住宅的人，都是條件較為特殊的人士。以較長的時間、忠於自己的方式完成，給人的感覺就像是屬於自己的秘密基地。完成之後反應出強烈的個人色彩，裝飾的品味大多是憾動人心。但這些還是屬於個人興趣的領域，感覺都是以個人來發出的訊息。

一旦瞭解到，標準的現代住宅是可以自己動手打造的話，則應該會有所改觀。我自己打造的住宅，分類上應該屬於「普及型」。擺脫嗜好的領域，極為一般的普通人也能進行。精準的判斷真正需要的項目，以自己的風格來過精簡的生活，對於抱持這種想法的人來說，我的案例絕對是可以模仿的。

目錄

1項1項的逐步完成
就能在6個月後蓋好自己的家

照片／大槻夏路（封面、2～8頁與★）
　　　酒井Satoko（◆）、大須賀順（♠）
　　　畠山悟（上述以外）
插圖／畠山悟
設計／D Ttribe（山田達也、林 慎悟）
編輯／中野照子

畠山悟的
經驗談

接下來的Self-Build將是普及型

用煮飯的心情來蓋房子

2樓跟平房，哪一種比較便宜？

地鎮祭也是Self-Build

家中成員的變化，到時再來對應

不蓋3棟無法實現讓人滿意的住宅？

廉價的土地很少出現

操作起來不如預期

動工 ── p.49

第1個月

一切的根本都在這裡

辛苦的只有前3個月
這是要努力撐過的時期

第2個月

尺寸測量的誤差是家常便飯

確認、確認、再確認

可別小看固定螺栓

模板一定要牢固

擔心排泄物是否有辦法流動

忘了裝上固定螺栓

工程進行起來可不會順利

「加油！再加油！」

有許多朋友幫忙，真的會比較順利嗎？

前3個月總之就是埋頭苦幹

慢慢累積
持續的進行作業

第3個月 ➤ 第4個月

內部工程 ── p.95

高山悟的經驗談

為什麼會是這樣？

想要放棄的時候

真的不會冷嗎？

越不顯眼的作業越是困難，但也越是重要

夫妻兩人一起作業可以增進感情？

偷工減料吃虧的只是自己

馬拉松跟蓋房子很類似

外行人也能打造高品味的裝潢

室內採用素面處理

被杉木板的浮沫所困擾

雖然已經完成但還不是終點
接下來還會持續下去

越來越像一個家
心情也越來越快樂

減少生活上所需的物品

試著當個家庭主夫

充滿訂正符號的資料

到頭來令人懷念的回憶

住起來給人寬敞的感覺！

如何使用本書

　這本書的內容，是依據本人親手打造敝宅的記錄所寫下來的。對於施工幾乎是個外行人、雙手也沒有特別靈巧的我，幾乎是靠自己一個人的力量蓋出一棟房子。跟建設公司那種可以同時進行數個工程的作業順序雖然有點不同，但只要從01號開始按照各個步驟執行，就算只有自己的雙手，還是可以完成一棟住宅。

　我主要是在住宅的施工現場幫忙，為了親自動手蓋房子，努力想出這個對自己來說最為妥善的方法。這並非絕對的解答，各人應該都有自己的見解，跟最適合自己的答案。希望讀者能用本書來掌握大致上的流程，瞭解哪些步驟該做些什麼事情，事先掌握容易出現的錯誤。如果能協助您找出屬於自己的方式，那將是本人最大的榮幸。

　世間有許多事物，只要查詢或是聽聽別人的經驗，就可以得到充分的理解。在苦惱之中下功夫學習，還是覺得有所迷惘的時候，請將本書翻開。應該可以讓您覺得「什麼嘛，原來只要這樣就好了」，心情也跟著變得比較輕鬆。

※因日本建材價格及建築法規等皆與台灣不同，本書以350萬日圓做為
　預算，並附上日本相關建築資料，僅供讀者做為參考。

實際動工之前

在建築確認申請的手續完成之前
至少要做好這些準備

01 家的計劃

■圖1 跟水相關之設備的尺寸

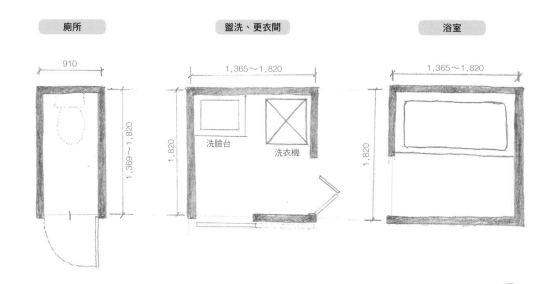

廁所　　　　　　　盥洗、更衣間　　　　　　浴室

910　　　　　　　1,365～1,820　　　　　　1,365～1,820

1,369～1,820　　　1,820　　　洗臉台　洗衣機　　　1,820

馬上就來創造形象

一般來說，都是在找到土地之後再開始進行家的計劃，但如果是自己動手打造的話，最好是先準備好心中對一個家的形象，再來尋找適合的土地。

我是在10幾歲的時候，開始想像將來自己的家會是什麼樣子。很不經意的，腦中開始描繪家中的景象，然後畫成格局圖等等。但腦海中的這個家，跟現實相比有許多不明瞭的部分，因此才會想要學習跟建築有關的知識。

若想順利完成自己打造的住宅，要反覆修正這形象圖。

○測量周遭的尺寸將其具體化

畫出好幾張格局圖之後，開始會讓人在意尺寸的

重點
確認自己覺得容易使用的尺寸

問題。此時可以測量現在所居住之房子的尺寸，或是將感到興趣的住宅按照正確尺寸來畫成格局圖，學習現實之中住宅的縮放比率。

重點
也要確認各種住宅的平面圖

○加入跟水相關之設備的尺寸

此時可以用來做為依據的，是廚房跟廁所等，跟水相關之設備的尺寸。這是一個家絕對不可缺少的機能，不論住宅是大還是小，這些設備的尺寸都不會有太大的改變。先掌握好這些部分，再來檢討自己想要的要素跟其他部分的大小（圖1）。

○如何進行取捨？

這個想要，那個也想要，這樣會讓住家的尺寸變得無法收拾。住宅並非尺寸大就一定比較好，只要適合自己的生活方式，就算小也沒有

重點
妥協是成功的秘訣

家的計劃，在想到的時候就應該著手進行。
把腦中設想的格局化為現實，一邊注意是由自己動手建造，
一邊檢討要採用什麼樣的結構方式。

■圖2　家的形狀跟外牆面積

長方形

7,280

1,820

13,24 ㎡

外牆的長度　1,820×2＋7,280×2＝18,200mm

正方形

3,640

3,640

13,24 ㎡

就算面積相同，正方形的牆壁會比
長方形要來得少，成本也比較低。

外牆的長度　3,640×4＝14,560mm

凹形

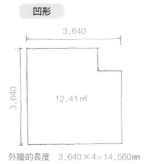

3,640

3,640

12,41 ㎡

外牆的長度　3,640×4＝14,560mm

就算面積變少，
外牆的長度也不會改變。
地板、基礎、屋頂的面積雖然會減少，
但稱不上是有效率的做法。

關係，更何況是由自己動手打造，小型住宅當然比較容易實現。因此要好好判斷一下生活上必須的項目，跟沒有也無所謂的部分。

自己動手蓋房子的 3個重點

　計畫一個家的時候，如果打算由自己動手建造，有幾個必須格外注意的重點。

○壓低預算
縮小住宅的規模，材料跟作業量也會跟著減少，讓成本降低。要避免高品質的設備跟特別訂製的材料。完工用的表面材質種類不可以太多，並選擇容易取得的產品。在總成本之中佔有較高比率的門窗，數量也要減少。用單一的大型開口來取代複數的開口等等，下功夫來壓低成本。

○縮短施工期間
在短時間內自己動手打造，結構跟構造的細節要盡量單純。作業種類也要盡可能的減少。
為了將作業單純化、減少出錯的風險，我選擇面積較小的四方形住宅。就算面積相同，正方形外牆的牆面比長方形要來得小，有助於降低成本（圖2）。

○追求機能性
過度重視經濟性、施工性，結果讓居住者使用起來變得不舒適，這樣可是會相當困擾。特別是廚房、廁所、更衣間、浴室，必須以自己所能接受的舒適性來思考設備跟格局。如果只是追求經濟性跟施工性的話，帳篷反而是最合理的選擇。我認為要是不具備舒適性，那就算不上是一個家。

實際動工之前

第1個月

第2個月

第3個月

第4個月

第5個月

第6個月

■圖3　各種結構法

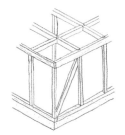

傳統的木造軸組結構法

用柱子、樑、斜木來組合成住宅

2×4工法

用厚2英吋（38mm）×寬4英吋（89mm）
的木材跟合板來組合成住宅

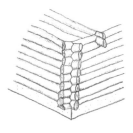

木屋

用圓木來組合成住宅

■圖4　按照支點間距表來進行計劃

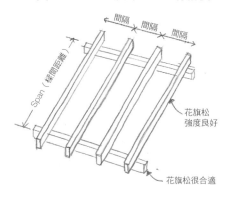

Span（樑間距離）

間隔　間隔　間隔

花旗松
強度良好

花旗松很合適

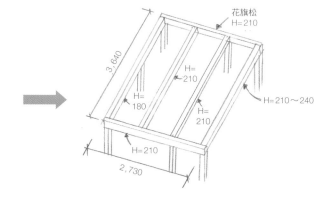

花旗松
H＝210

3,640

H＝
210

H＝
180

H＝210〜240

H＝
210

H＝210

2,730

木造住宅樑間距離表（木材寬度105mm）單位：mm

間隔＼Span	900	1,800	2,700
1,800	105〜120	135	150〜180
2,700	150〜180	210	240
3,600	210〜240	270	300〜330

這份樑間距離表，顯示出結構的基本思考。每隔3.64m的間距就必須有1根柱子存在，如果間距長達4.55m以上，則必須進行精準的結構計算。請用每3.64m的距離設置1根柱子的方式，來思考自己的格局。上圖是以樑間距離表為基準，所繪製的範例。

適合自己動手打造的結構

　　此處將決定採用什麼樣的結構。什麼樣的建造方式，可以讓外行人也能簡單的完成，對於這個問題，我思考了很長一段時間（圖3）。

○木屋（圓木結構工法）
自己動手蓋房子，大多會讓人連想到木屋（Log Cabin），但實際上圓木（Log）加工是難度相當高的作業，組裝起來需要較長的時間，還得動用重型機具。最近雖然有販賣已經用機器切好的木屋組裝套件，但格局上沒有任何自由度可言，價位也相當的高。

○2×4工法（木造框組壁工法）
2×4工法，曾經被認為是沒有技術的人也能簡單將房子蓋好的方式，但深入調查卻發現，跟這方面有關的資訊並不多。準備好2英吋×4英吋的木材跟合板，一口氣的組合出地板、牆壁、天花板的面板，但是到蓋上屋頂之前必須花上一段時間，地板下也有可能出現積水的問題。我認為一個人施工起來會相當的困難。

○傳統的木造軸組結構法
最後我所考慮的，是日本自古以來使用到現在的木造軸組結構法。木材加工必須具備相關技術，一開始讓人擔心是否真的能夠順

■圖5 屋頂的造型

山形

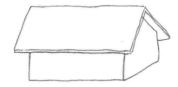

單側傾斜

廡殿頂

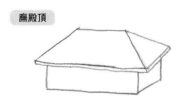

2樓跟平房，哪一種比較便宜？

2層樓的建築跟平房，哪一種成本比較低、蓋起來比較便宜？我的結論是並不會差太多。

平房的基本工程跟屋頂工程的費用，跟2層樓的建築相比，全都會比較昂貴。但不必設置樓梯間，使用的土地面積大約會少個2坪。另外，平房也不需要負擔2樓的地板。因為結構不同，斜木跟金屬零件的數量也不一樣，構造的剖面也會比較小。而就作業的方便性來看，平房沒有必要鋪設2樓的外牆，也沒有必要將材料搬上搬下，因此具有很大的優勢。在這兩方面進行比較，成本方面並不會相差太多。

要是能取得鄉下較為寬敞的土地，我會建議選擇平房。如果希望過精簡的生活，那一定要選擇平房。

利，但調查之後得知Pre-cut（預切）工廠可以幫人進行木材的加工，我自己就算沒有相關技術也能完成。傳統的木造軸組結構法會使用樑、柱子、斜木，是相當古老的結構方式，但所能查到的資訊非常豐富，能夠應用的範圍也非常廣泛。我認為這是一個人最容易完成的結構工法（圖4）。

屋頂的形狀

屋頂的形狀，會用成本跟施工性的落差來思考。就成本方面來看，造形越是精簡就越是便宜，如果傾斜的角度跟面積相同，則是以山形屋頂→單側傾斜→廡殿頂的順序越來越是昂貴。

圖5是屋頂的形狀。自己動手打造的話，建議採用山形或單側傾斜的造型。廡殿頂的雨槽工程較多，組裝起來也比較麻煩。我家採用單側傾斜的屋頂，這是因為屋頂的工程委託給業者來進行，為了降低成本盡可能採用較為單純的造型。雖然也打算這樣可以盡量減少棟（屋頂的正脊）的板金工程，但是單側傾斜的屋頂會讓外牆的面積增加，結果總共的花費跟山形屋頂差不多。不過並沒有必要一切都用「廉價」來決定，對於造型的喜好也可以是考量因素之一。

實際動工之前

第1個月

第2個月

第3個月

第4個月

第5個月

第6個月

■圖6　我家的格局圖

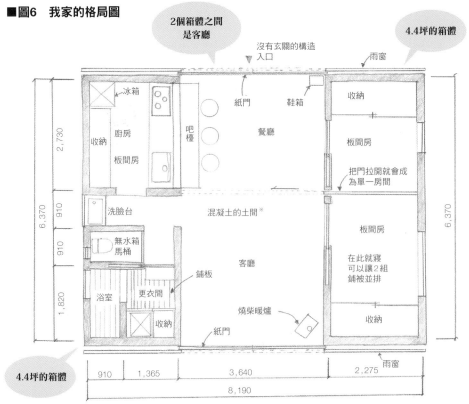

2個箱體之間是客廳

4.4坪的箱體

沒有玄關的構造入口

雨窗

冰箱

收納
廚房
板間房

吧檯

紙門

鞋箱

餐廳

收納

板間房

把門拉開就會成為單一房間

洗臉台

混凝土的土間※

板間房

無水箱馬桶

客廳

在此就寢可以讓2組鋪被並排

鋪板

浴室
更衣間

燒柴暖爐

收納

收納

紙門

雨窗

4.4坪的箱體

2,730　910　910　1,820　6,370

6,370

910　1,365　3,640　2,275

8,190

※土間：沒有鋪設室內地板或屬於室外的地面，可以讓人穿鞋進來的部分。

我家的計劃

就我個人來說，主要的目的是以最小的成本，打造符合自己生活狀況的機能性住宅。我並非木工師傅，也不是什麼雙手特別靈巧的人，因此施工方法力求精簡，並且在短時間內完成。選擇大型住宅等於是在掐自己脖子，所以把目標定在小型住宅上。以這些條件為前提來進行計劃。

○精簡的構造
看看平面圖（圖6）即可瞭解，我家是用2個大約4.4坪（14.5㎡、約9張榻榻米）的箱體（跟水相關之設備的箱體以及寢室用的箱體）排在一起，在這上面蓋上屋頂，構造非常的精簡。兩個箱體之間是客廳，就空間來看難以區分室外或室內，給人曖昧的感覺。把阻擋風雨的門窗關起來，就會成為確實被包圍起來的室內空間，打開的話則是庭院的一部分，讓人享受其中的變化。

○為了住得好而捨棄的部分
為了在15坪的小住宅之中住得舒適，有些部分我必須割捨。

‧捨棄玄關的構造。脫鞋之後就是餐廳，沒有宏偉的玄關。

‧浴室只有淋浴設備。平常只用淋浴，因此對我們來說不是什麼特別的事情。想要泡澡的時候會到附近的溫泉。

‧寢室的寢具為鋪被。要是擺張床，會變成只是用來睡覺的房間，將鋪被收起來可以讓人聚集，也可以大家睡在一起。

‧規模較大的住宅，會讓人在意動線的問題。如果是小小的平房，所有東西伸手可及，不用到處走動也沒關係。或許可以稱為「沒有動線的家」。

○應變計劃
用深思熟慮的格局圖，來尋找可以蓋房子的土地，但實際找到的土地有可能因為方位跟狀況不合，讓手上的格局放不進去。在此介紹用來應變的計劃（圖7、圖8）。
我家屬於鄉下的建築，因此採用開放性的結構，要是會在意鄰居的視線，可以種樹來將四周圍起來。

■圖7　要是西側有道路存在

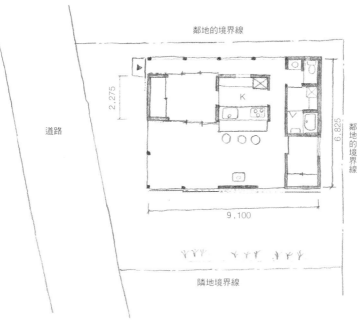

鄰地的境界線

道路

2.275

鄰地的境界線

6.825

K

9,100

隔地境界線

西側有道路存在時的應變方法
把家的入口設在西側
也能用在北側有道路的土地上

建築面積　62.1㎡
門窗工程增加
費用會變得比較高

這個應用篇，是改變箱體的組合方式，
來對應各式各樣的土地。

■圖8　要是家中成員有3～4人

道路

8,190

1,820　1,820　910　3640

2.275

1.365

收納

10,010

2.730

3.640

家中成員較多（4個人左右）的應變方式。
用3個箱體來進行組合。
可以配合道路的位置跟方向，來改變
各個箱體的位置。

建築面積　81.98㎡
費用比圖7要便宜

相反也可以

第1個月

第2個月

第3個月

第4個月

第5個月

第6個月

畠山悟的
經驗談

家中成員的變化，
到時候再來對應

決定住宅大小的時候，會考慮到家中成員的數量。就算現在只有自己1個人，將來也可能變成2個，小孩出生之後則會增加到3～4人。太過注重將來性的話，會讓住宅變得太大，為還不存在的小孩們準備房間。

我捨棄了6～8張榻榻米的小孩房，選擇只夠1個人起居的空間。小孩一直到小學生為止，大多會跟父母親一起睡，國中到高中這6年或許會想要有自己的房間，但上大學之後也不知道還會不會住在家裡。我認為沒有必要為了這6年，而準備較大的住宅。如果真的有必要的話，到時候再由親子一起動手打造也行。

也有人會覺得既然都要蓋了，不如一次全部完成。但其中所需要的成本跟時間卻非常的龐大，等到真正有需要的時候再來建造應該也行，這樣應該比較自然才對。面對這種狀況的時候，我都會想到相田光男先生那句「可有可無的東西，就是沒有也可以」。這句話在蓋房子的時候非常有用，同時也是我蓋房子的基本原則。

前往改建的現場，常常會看到許多有房間多出來的住宅。看到這種狀況，會覺得基本上還是先打造夫妻兩人的生活空間，之後再按照需求來改建會比較好。要是在一開始就建造比較大的住宅，可能會到頭來一場空，讓原動力無法持續下去，管理起來也相當辛苦。第一次果然還是蓋小一點會比較好。

02 | 尋找土地

我住在海的附近

人口增加讓糧食問題越來越是嚴重，有如強迫症一般的，我對這點深信不疑。糧食價格上升、沒有足夠的食物可以送到我的手中，這種危言聳聽的狀況對我來說，已經無法一笑置之。為了對這種危機做好準備，我選擇住在海邊，且認真培養釣魚的技能。

自己親手釣到的充實感，以及把鮮魚拿在手中的原始生活，讓我感到相當的安心。另外也在家中的庭院種菜，雖然無法完全的自給自足，卻可以跟市場社會保持一小段的距離。就如同許多人為了追求方便而住在便利商店附近一樣，我看中大海的方便性，選擇住在海的附近。

騎上我的愛車超級燕菁號，動身尋找理想的土地。一邊想著「最好能有這樣的景觀」「被自然包圍的寧靜地點也不錯」，一邊跟愛車在延岸道路奔馳。光是想像自己住在那些場所，就讓人感到無比的興奮。

> **重點**
> 千萬不可心急。
> 心急的話可是無法跟滿意的土地相遇。
> 抱持悠閒心情，
> 撥出較多時間來尋找。

看清土地價值的重點

盡量尋找便宜的土地，但如果地基狀況不好，另外會需要改善工程，不可以只是靠價格來判斷。跟土地本身相比，為了生活上所需的配備而花更多的錢，並不是什麼罕見的事。

更進一步必須思考的，是通車跟小孩的問題。公司跟學校如果太遠，長期下來所需要的交通費也會增加。

注意以下這幾點，來判斷土地的價值。

○水資源的確保／用地要是有水錶存在的話則沒有問題，但如果沒有水錶的話，則必須檢查用地前方道路是否有公共的供水管。只要到市區町村（日本的行政區劃）等市政單位的水管課詢問，馬上就能得到結果。比較昂貴的地區，有時還得另外支付40萬日幣的費用來增加設備。

沒有供水管的土地，另外還有使用地下水的方法存在。包含泵在內，費用大約是17～25萬日幣。但並非所有土地都可以抽取地下水，請跟附近的住宅或供水設備的廠商詢問看看。

○排水／只要有下水道存在就沒有問題。有時會有該地區需要共同負擔的費用存在，可以到政府大樓詢問。如果沒有下水道的話，則要設置化糞池。有些市村町會支付30～60萬日幣的補助金，可以考慮其中的條件來決定。要是沒有排水的場所，則設備方面會有不小的支出。

○電力／跟水一樣，需要專門的工程。附近要是有電線或電線桿，大多都可以接上去。請向該區的電力公司詢問。

○瓦斯／要是沒有供應煤氣，則選擇隨處都可以設置的液化石油氣。考慮到生活所需要的整體能源，採用全電化的家庭設備，也是一種方法。

> **重點**
> 便宜的土地，可能需要較多的支出才有辦法整理到足以居住的狀況。不要全都交給不動產的人負責，考慮整體的狀況，自己行動來進行判斷。

實際動工之前

第1個月

第2個月

第3個月

第4個月

第5個月

第6個月

向法務局查詢

在日本，要是找到覺得不錯的土地，則要到法務局來調查這份土地的資訊。聽到法務局一詞，或許會給人緊張的感覺，但實際上卻比想像中要來得輕鬆。許多不明瞭的事情都可以向櫃台詢問。

到了法務局，要索取這份土地的公圖[※]、地籍測量圖（不一定會有）、登記事項要約書。觀察公圖的內容，要是道路跟用地之間

■圖　**判斷一份土地是否可以蓋房子的初步條件**

道路寬度原則上要有4m以上，但就算是在4m以下，也有可能可以蓋房子，要向土木事務所詢問（建築基準法第42條）

4m以上

用地跟道路相接的部分必需要有2m以上　正面道路

預定購買的土地

沒有跟道路相接的土地不可以蓋房子

·「地目（土地用途）」如果是農地，原則上不可以蓋房子
·都市化調整地區原則上不可以蓋房子（改建的話則有可能）
·工業專用地區無法蓋房子

·向市區町村等行政區劃詢問上／下水道的位置
·向市區町村等行政區劃詢問是屬於都市化區域還是都市化調整區域

沒有跟道路相接2m以上的土地

※ 公圖：標示土地境界跟建築位置的地圖
※ 法22條地區：屋頂跟外牆必須使用防火材質

有他人的土地存在，那有可能無法蓋房子，要多加注意才行。

相關的法律

跟土地相關的法律，必須是專家才有辦法完全理解。但就算是外行人，也可以跟管轄地區之都道府縣（日本的行政區劃）的土木事務所的建築課直接查詢。攜帶土地的照片、足以得知該地點的住宅地圖、土地跟建築的公圖、登記事項要約書，來詢問以下的問題。

○這份土地是否可以蓋房子？
○是否有必須注意的法規？（比方說砂防指定地區、急傾斜地崩壞危險地域等等）
○地區的用途種類、容積率、建蔽率、防火地區／準防火地區／法22條地區[※]，又是什麼狀況？

此時會遇到許多不懂的名詞，不瞭解其中的含意也沒關係，先全部抄下來，回去之後再上網查詢。會有都市化調整地區等不允許蓋房子的土地，跟「用地必須跟道路相接2m以上」等法律規定，不明確的部分可以詢問土木事務所。自己主動查詢，來慢慢理解其中所代表的意義。

找到合適的土地了！

我所找到的土地，是從不動產的朋友口中偶然得知。事情真的是非常巧合。向各處詢問之後得知，我所找到的土地狀況如下。

○正面道路有供水管。
→向市政單位的水道課確認的結果。
○沒有下水道。
→必須設置化糞池。一樣是跟市政單位的上

／下水道課確認的結果。

○附近有懸崖，必須遵守相關的法律規範。

→跟懸崖保持一定距離，就可以不用設置護土牆。跟附近的土木事務所的建築課詢問到的結果。

○跟寬度4m以上的道路相接

→實際測量道路的寬度，向土木事務所詢問，是否屬於建築基準法的道路。

○用地地區沒有被指定，建蔽率60%，容積率200%。

→向土木事務所的建築課確認。

○地目（土地用途）為雜種地。

→記載於法務局的登記事項要約書之中。農業用地必須進行土地的地目轉換手續，一般來說並不容易。

○價格便宜到會嚇人，尺寸大約是300～500平方㎡。

到此為止所有的項目都合格。位在高台上可以瞭望大海，跟鄰居相隔100m以上，這些部分也都沒有問題。唯一的缺點是跟海邊有點距離（但騎車只要幾分鐘），總合下來是目前為止所看到的最佳地點。決定就是這裡！

●砂防指定區／為了防止山坡因為大雨等原因而滑落，或是不穩定的砂土流到溪流之中造成砂土災害，而受到一定限制的土地。 ●急斜面地崩壞危險區域／傾斜超過30度以上的土地，斜坡有可能崩潰，對居民的生命造成危險。由各道府縣指定。 ●用途地域／都市計劃法所劃分的地區之一，目的是防止建築用途出現混淆。居住、商業、工業等等，以都市的主要項目來制定土地用途。 ●容積率／用地面積與建築物地板面積（建築總面積）的比率（建築基準法第52條）。 ●建蔽率／用地面積跟建築面積（建築的坪數）的比率。 ●防火地區、準防火地區／在都市計劃法的規定之下，為了防火而特別指定的地區。 ●崖條例／在懸崖的上方，於懸崖下方開始相當於懸崖高度2倍※以內的距離之內；在懸崖下方，從懸崖頂端開始相當於懸崖高度1.5倍以內的距離，不可建造以生活空間為目的的建築物。

※倍率隨著都道府縣而不同。

廉價的土地很少出現

尋找土地讓人對一件事情有切身的感受，不動產業對於土地的廣告幾乎都是在1,000萬日幣以上，偶爾才會看到500萬日幣的案件。我對土地的預算不高，是在300萬日幣以內。就算跟不動產的人說想要便宜的土地，擺在桌上的全都是800萬日幣的行情。很難為情的說出「預算在300萬日幣以內」，可以明顯的看出對方的表情突然僵硬下來。給人你不如到其他地方去找的氣氛。

之後由自己四處尋找土地，開始理解為何在不動產業找不到便宜的土地。不動產是靠仲介費來賺取利潤，而仲介費取決於土地本身的價值。土地本身的價格越低，不動產業的利潤就越少。尋找土地來進行調查、製作契約書等等，不論土地是貴還是便宜，工作跟風險都是一樣，因此理所當然的會以昂貴的土地為優先，對便宜的土地敬而遠之。

就算如此，我還是很固執的前去找不動產，向他們請教各種問題，跟他們拉近距離。土地本身很不錯，但上／下水道跟主要的供水管距離太遠，不然就是準備要買的時候才聽到土木事務所說「這裡不能蓋房子」。好幾次都讓人覺得，已經沒有希望了。

但人生真的是非常有趣，拼命找尋的時候沒有任何結果，已經要心灰意冷的時候，好的土地卻自己找上門來。因為花費各種苦心，才有辦法遇到這塊土地，至少我是這樣相信的。

實際動工之前

第1個月

第2個月

第3個月

第4個月

第5個月

第6個月

03 | 地基調查跟購買土地

我所購買的土地，遠方可以看到大海。

> **重點**
>
> 在進行地基調查之前
> 要決定住宅的大小跟位置。
> 如果不正確的話
> 將無法計算出精準的數據。

地基狀況若是不良，之後將非常的辛苦

決定土地之後心情越是興奮，就越讓人感到一股莫名的不安。讓人覺得，那塊土地該不會有什麼重大問題吧……。為了消除這份不安，地基調查由專門的業者來進行。

請不動產的人申請地基調查的許可，同時介紹專門進行地基調查的公司，費用大約是3萬日幣。購買調查用的工具跟儀器來自己進行，會便宜許多，在緊湊的預算之下，3萬日幣也是不小的數字。但如果買了之後才發現地基有問題，改善工程需要數十萬日幣，到時不論是心情還是荷包，都真的會吃不消。事先調查發現有問題而不買的話，則只是損失3萬日幣。

一切都只能請老天幫幫忙。

進行地基調查之前

地基調查，採用瑞典式重量探測法（SWS測驗）。把探測棒插到地面，放上重物來進行旋轉，用探測棒下沉的程度跟轉動的次數，來判斷地基的強度。在預定蓋房子的位置的四個角落跟中央等5個地點進行。

為了進行這項測驗，必須在調查之前就決定住宅的大小跟位置。因此家的計劃必須在地基調查之前完成才行。

購買土地之前先進行地基調查。
在蓋房子的位置調查地基的強度，家的計劃要在這之前完成。

■ 實地測量的用地圖 S=1：400

求面積表			單位（m／㎡）
編號	底面	高	面積
S 1	25.400m	13.729m×0.5	174.358㎡
S 2	15.900m	9.367m×0.5	74.467㎡
S 3	16.169m	7.257m×0.5	58.669㎡
S 4	14.090m	11.595m×0.5	81.686㎡
面積總合			389.180㎡

結果良好，購買土地

調查結果會在日後，以書面方式郵寄過來。結果非常的良好，甚至讓調查公司有點懷疑。調查的時候因為數據太好，結果總共測試7～8處來以防萬一。調查公司的結果太過「良好」，也是會讓人感到擔心。

無論如何，心中鬆了一口氣。不再需要矯正地基的費用，決定買下這塊土地，終於到了簽約的地步。另外記得在購買的時候，明確的決定用地境界線。

買下土地之後首先要作的事情

買下土地之後，首先要測量土地來製作建築確認申請書。要是地籍測量圖的可信度高，可以用地籍測量圖為基準來製作用地的圖表。這塊土地沒有地籍測量圖，因此進行測量。測量面積時，會用三角形來將用地分割，測量每個三角形的3個邊。把數據輸入CAD就能簡單完成，自動製作成面積表跟簡單的用地形狀。

同時也測量地基面的高度。分別測量用地、道路、鄰近用地的高度來進行確認。

這些資料在進行建築確認的時候會用到。請上網搜尋「4號建築物的確認申請圖書製作範例」，來進行參考。

●CAD／電腦補助設計的繪圖系統。 ●4號建築物／日本建築物基準法第6條所規定的1～3號以外的建築物，位在都市計劃區域內、木造2層樓、建築面積500平方m以下的建築物等等。必須提出建築確認申請。

實際動工之前

第1個月

第2個月

第3個月

第4個月

第5個月

第6個月

04 建築確認申請

（此處出現之法規均為日本現況）

木造2層樓、100㎡以下的建築物，就算沒有資格也能申請。

建築確認申請，是提出資料讓政府機關確認，接下來所要蓋的建築物是否符合法律規定。沒有經過這道手續，會讓住宅變成違法的建築。一般會認為必需要有建築師的資格才能申請，但只要是木造2層樓、100㎡以下的建築，就算是沒有建築師的資格也能申請※（需要建築工程申請書）。

建築確認申請，對想要自己打造房子的人來說，是第一道難關。既使是簡單用語，對外行人來說也是一頭霧水，作業起來非常的辛苦，但一定要在此咬緊牙關。如果委託專家辦理，以後遇到不懂的事情，馬上就會想要倚靠他人。讓我們靜下心來，對不懂的用語一個一個慢慢理解，一步一步的前進。這將有助於我們理解日後在現場展開的作業。

話說回來，建築確認申請如果委託專家來辦理，光是代辦費大約就要10～20萬日幣。另外，就算是規模最小的建築也會有18,000日幣的確認申請審查費用、23,000日幣的中間檢查費、23,000日幣的完成檢查費（2009年的價格，隨著地區不同），手續本身所需要的費用也不低。雖然辛苦，但就當作是下一個步驟的前置訓練，不要輕易的倚賴他人。

首先製作圖表

建築確認申請的部分就算委託專家辦理，用來當作基準的設計圖表也必須自己繪製。首先要自己動手製作圖表，然後以此為基準，按照申請書來進行各個程序。

我是用電腦的免費軟體JW-CAD來進行繪製。當然，用手畫也沒問題，一步一步來慢慢完成。

就算不知道詳細的尺寸

繪製設計圖表最大的障礙，是檢查建築物的結構強度是否達到規定的結構計算。必須提出的資料只有承重牆的數量跟金屬零件是否有裝設的確認證明，在這個階段不用想得太過複雜。進行建築確認申請的時候，很少會問木材厚度跟大小等詳細數據，這些等到委託Pre-cut工廠加工木材的時候（參閱44頁）再來決定具體的數據會比較好。委託木材切割的時候跟工廠商量，在絕大部分的場合，工廠都會幫我們畫出正式的結構面圖（樑的尺寸大小等等）。

製作建築確認申請書

家的設計圖表完成之後，接下來就是建築確認申請書。請上網搜尋（財）建築行政情報中心的建築確認申請的資料格式，並下載「4號建築物的確認申請圖書製作範例」來當作參考，比較兩者來進行作業。只要花1天的時間，就足以完成這些資料。

> 寫在建築確認申請書上面的每一個字都很重要。
> 不要有任何遺漏，
> 一項一項的進行確認。

重點

○建築確認申請必須提出的主要圖表

- 周邊概略圖
- 配置圖
- 各樓層平面圖
- 地板面積求面積圖
- 2個面以上的立面圖
- 2個面以上的剖面圖
- 地基面算定表（我家明顯沒有抵觸高度限制，因此省略）

※但如果有條例等其他規制存在，有可能需要具備特定資格才能申請，可以向市區町村的政府單位詢問。

這份審查，是讓政府檢查建築物是否符合法律規範。
看起來似乎困難，但只要按照申請書一步一步的求出每一個數據，就能順利完成。

・室內完工表
・斜木計算正面面積圖跟斜木計算書
・採光、換氣計算書
・Sick House 換氣計算表

※詳細請參閱建築基準法施行規則第1條之3的表

從下一頁開始，將用申請表格來進行具體的說明，但首先是結構計算。木造住宅的結構計算，必須檢查牆壁數量計算、承重牆的均衡性、結合部位的強度，全部合格，就代表符合建築基準法的規定。

■圖1　平面圖 S=1：200

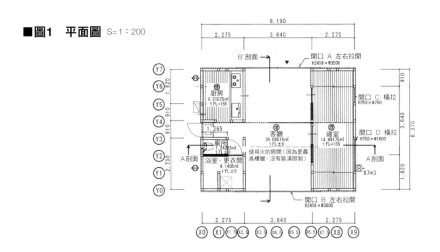

■圖2　東側立面圖 S=1：200

重點

生活空間的天花板高度必須在2,100mm以上

■圖3　剖面圖 S=1：200

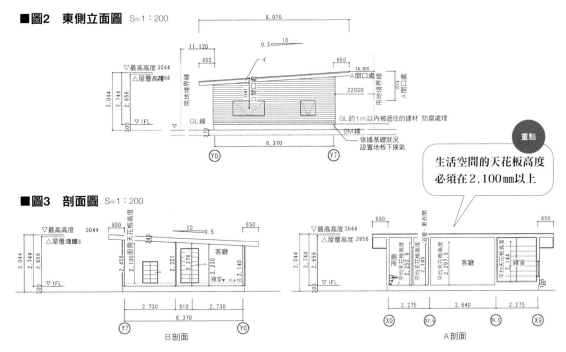

B剖面

A剖面

實際動工之前

第1個月

第2個月

第3個月

第4個月

第5個月

第6個月

計算牆壁數量

算定必要的牆壁數量

為了確保颱風跟地震時的安全，建築基準法規定有一棟建築必須具備的牆壁數量。為此，我們必須計算面對地震的力量時所需要的必要牆壁數量，以及面對風壓時所需要的牆壁數量，在兩者之中採用較大的數據。計算時用來當作基準的，是建築物的地板面積與正面面積。

❶為了求出面對地震力道時所需要的牆壁數量，先算出地板面積（圖1）。

$6.37 \times 8.19 = 52.17 \, \text{m}^2$

❷把❶乘上係數（表2）來算出必要的牆壁數量。

$52.17 \, \text{m}^2 \times 0.11 \, \text{m} / \text{m}^2 （係數） = 5.739 \, \text{m}$

■圖4　地板面積

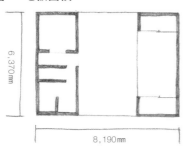

6,370mm

8,190mm

→表1 **1**

❸為了求出面對風壓的力道時所需要的牆壁數量，用立面圖算出正面面積（圖5）。正面面積是一棟建築承受風壓的面積，在距離1樓地板1.35m的部分畫出一條橫線，這條線以上的部分，就是用來計算的垂直面積。

・計算東西方向的必要牆壁數量時所使用的正面面積，會用求出來的南北方向正面面積，來算出東西方向的牆壁數量。

$6.3 \, \text{m}^2 + 1.02 \, \text{m}^2 + 0.21 \, \text{m}^2 + 0.21 \, \text{m}^2 = 7.74 \, \text{m}^2$

・計算南北方向的必要牆壁數量時所使用的正面面積，會用求出來的東西方向正面面積，來算出南北方向的牆壁數量。

$11.42 \, \text{m}^2 + 0.55 \, \text{m}^2 + 0.55 \, \text{m}^2 = 12.52 \, \text{m}^2$

❹把❸乘上係數（表2）來算出必要的牆壁數量。

・東西方向為 $7.74 \, \text{m}^2 \times 0.5 \, \text{m} / \text{m}^2 = 3.87 \, \text{m}$

→表1 **2**

・南北方向為 $12.52 \, \text{m}^2 \times 0.5 \, \text{m} / \text{m}^2 = 6.26 \, \text{m}$

→表1 **3**

❺從面對地震力道跟風壓力道的計算結果之中，選出數據較大的一方。

・在東西方向，地震力道為 $5.739 \, \text{m}$、風壓力道為 $3.87 \, \text{m}$

・在南北方向，地震力道為 $5.739 \, \text{m}$、風壓力道為 $6.26 \, \text{m}$

結果，東西方向需要 $5.739 \, \text{m}$ 以上的承重牆，南北方向需要 $6.26 \, \text{m}$ 以上的承重牆。

■圖5　斜木計算正面面積圖

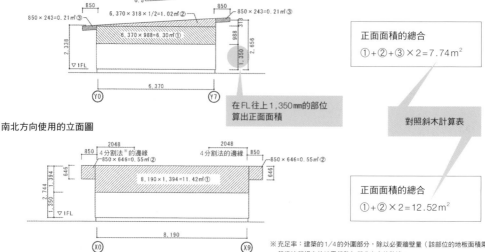

東西方向使用的立面圖

南北方向使用的立面圖

正面面積的總合
①+②+③×2=7.74m²

對照斜木計算表

正面面積的總合
①+②×2=12.52m²

※4分割法：各個樓層以X跟Y方向來將建築物分割成4等份，建築物面對面的外牆邊緣（建築的1/4的外圍部分）的承重牆，充足率※必須達到1.0以上，或是牆壁比率※為0.5以上。

※充足率：建築的1/4的外圍部分，除以必要牆壁量（該部位的地板面積乘以建築基準法所規定的地震係數）所求出來的數據。
　存在的牆壁數量÷必要牆壁量＝充足率

※牆壁比率：建築的1/4的外圍部分，承重牆較小一方的充足率，除以承重牆較大一方的充足率所求出來的數據。
　較小一方的充足率÷較大一方的充足率＝牆壁比率

■表1　以建築基準法施行令 第46條第4項為基準的斜木計算表

	南北（在下欄填入東西方向的數據）		東西（在下欄填入南北方向的數據）	
2層樓建築 1樓的部分	地板面積所需要的軸組長度　閣樓 Ah/2.1	東西方向正面面積的必要牆壁數量 7.74 m²x 0.5 m/m² 【2】3.87 m 南側邊緣必要牆壁數量 1.593 mx 8.19 mx 0.11 m= 1.435 　　mx　　mx　　m= 　　mx　　mx　　m=　　合計【7】1.435 北側邊緣必要牆壁數量 1.593 mx 8.19 mx 0.11 m= 1.435 　　mx　　mx　　m= 　　mx　　mx　　m=【8】　合計 1.435	南北方向正面面積的必要牆壁數量 12.52 m²x 0.5 m/m² 【3】6.26 m 東側邊緣必要牆壁數量 2.048 mx 6.37 mx 0.11 m= 1.435 　　mx　　mx　　m= 　　mx　　mx　　m=【9】　合計 1.435 西側邊緣必要牆壁數量 2.048 mx 6.37 mx 0.11 m= 1.435 　　mx　　mx　　m= 　　mx　　mx　　m=【10】　合計 1.435	
	地板面積 52.17 m²x 0.11 = 【1】5.7387 屋頂輕　0.11 m/m² 屋頂重			

牆壁、軸組的種類					東西方向的牆壁長度		存在的牆壁數量（南側）			存在的牆壁數量（北側）			南北方向的牆壁長度		存在的牆壁數量（東側）			存在的牆壁數量（西側）		
種類	厚度	寬度	軸組	倍率	數量	有效軸組長度	數量	有效軸組長度	牆量充足率	數量	有效軸組長度	牆量充足率	數量	有效軸組長度	數量	有效軸組長度	牆量充足率	數量	有效軸組長度	牆量充足率
木材	3	9	0.91	1.5	8	10.92	4	5.46	【11】	4	5.46	【12】	12	16.38	4	5.46	【13】	4	5.46	【14】
交差	3	9	0.91	3		0		0			0					0			0	
木材	4.5	9	0.91	2		0		0			0					0			0	
交差	4.5	9	0.91	4		0		0			0					0			0	
木材【4】	3	9	1.365	1.5	1	2.048		0	【15】3.80		0	【16】3.80				【17】3.80			【18】3.80	
						0		0			0								
						0		0			0								
						0		0			0								
合計					Ok【5】	12.97	ok	5.46		ok	5.46		ok【6】	16.38	ok	5.46		ok	5.46	
判定					牆壁比率		1≧0.5 OK【19】						牆壁比率		1≧0.5 OK【20】					

■表2　斜木計算表的係數（建築基準法施工令第46條第4項）

計算地震時必要牆壁數量的係數

建築物的種類	樓層地板面積所乘以的係數（單位：cm／m²）					
	樓層數量為1的建築物	樓層數量為2的建築物的1樓	樓層數量為2的建築物的2樓	樓層數量為3的建築物的1樓	樓層數量為3的建築物的2樓	樓層數量為3的建築物的3樓
（1）土藏結構的建築物，或是其他與此相似的牆壁重量特別高的建築物，以及（2）所舉出之建築物以外的建築	15	33	21	50	39	24
（2）（1）所舉出之建築物以外的建築，並在屋頂鋪設金屬板、石板、木板或其他相似之重量較輕的材質	(11)	29	15	46	34	18

※本表格的樓層計算，不包含底層部分的樓層。

計算面對風壓時必要牆壁數量的係數

區分	正面面積所乘以的數值（單位：cm/m²）
（1）用特定行政廳考量當地過去強風之力道所認定的規則來指定	超過50、75以下的範圍之內，依照特定行政區劃按照該地方所規定之風的狀況所制定的數值
（2）（1）所舉出之區域以外的地區	(50)

配置承重牆

把承重牆擺上去。承重牆的種類，選擇使用對角斜木的類型（圖6）。

裝上斜木的牆壁，擁有比一般牆壁高出好幾倍的強度。效果隨著斜木的尺寸來變化，比方說厚30mm×寬90mm的斜木為1.5倍（交差則是3.0倍），裝上厚45mm×寬90mm的斜木為2.0倍（交差則是4.0倍）。→表1【4】

■圖6　使用斜木結構的承重牆

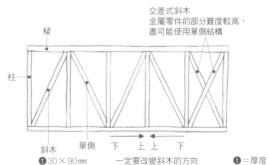

交差式斜木
金屬零件的部分難度較高，盡可能使用單側結構

樑　柱　斜木　單側　下　上　上　下

❶30×90mm　　一定要改變斜木的方向　　❶=厚度

實際動工之前

第1個月

第2個月

第3個月

第4個月

第5個月

第6個月

■圖7　我家的承重牆配置圖

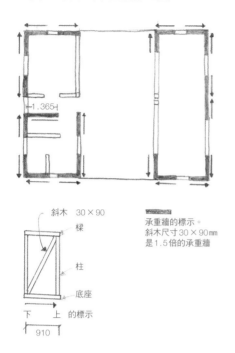

斜木　30×90
梁
柱
底座
下　　上　的標示
910

承重牆的標示。
斜木尺寸30×90mm
是1.5倍的承重牆

■圖8　用4分割法來計算承重牆

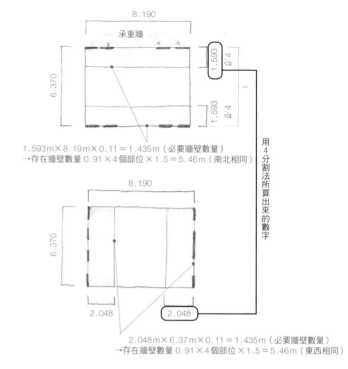

8.190
承重牆
6.370
1.593　∅/4
1.593　∅/4

1.593m×8.19m×0.11=1.435m（必要牆壁數量）
→存在牆壁數量0.91×4個部位×1.5=5.46m（南北相同）

8.190
6.370
2.048　2.048

2.048m×6.37m×0.11=1.435m（必要牆壁數量）
→存在牆壁數量0.91×4個部位×1.5=5.46m（東西相同）

用4分割法所算出來的數字

　自己動手蓋房子，建議使用木製材質的斜木，以及單側支撐的構造。交差式斜木的金屬零件裝設難度較高。另外，面板材料的承重牆，在進行隔熱材的施工時，容易出現防濕的缺陷而造成內部結露。

　我家的斜木，採用厚30mm×90mm的木材。其結果如下。

・東西方向的承重牆為

　0.91m×8個部位×1.5倍＝10.92m

　1.365m×1個部位×1.5倍＝2.048m

　合計12.97m→表1**5**

・南北方向的承重牆為

　0.91m×12個部位×1.5倍＝16.38m→表1**6**

　東西方向在5.379m以上，南北方向在6.26m以上，因此強度方面沒有問題。

承重牆的均衡性

　承重牆的位置如果不均衡，將無法發揮本來應該有的效果。我們會用「4分割法」來檢查承重牆的配置是否均衡。

❶我家承重牆的位置如同圖7所顯示。把這個平面圖，以東西方向、南北方向分割成4等份（圖8）。

❷計算必要的牆壁數量。

・東西方向的承重牆

　南側1.593m×8.19m×0.11（地震係數）

　＝1.435m→表1**7**

　北側1.593m×8.19m×0.11（地震係數）

　＝1.435m→表1**8**

・南北方向的承重牆

　東側2.048m×6.37m×0.11（地震係數）

　＝1.435m→表1**9**

　西側2.048m×6.37m×0.11（地震係數）

　＝1.435m→表1**10**

❸計算建築計劃之中的承重牆的數量（圖8）。

・南側的承重牆為4個部位

　0.91m×4個部位×1.5倍＝5.46m→表1**11**

・北側的承重牆為4個部位

　0.91m×4個部位×1.5倍＝5.46m→表1**12**

・東側的承重牆為4個部位

　0.91m×4個部位×1.5倍＝5.46m→表1**13**

・西側的承重牆為4個部位

■表3　國土交通省告示1460號

木造結構之水平接合與角度接合之方法　　國土交通省告示

表1（平房或頂樓的柱子）

軸組的種類		轉角的柱子	其他軸組邊緣的柱子
牆上的柱子或隔間柱的單側或兩側，設有木摺（木製底板）或其他類似之構造的軸組		表3（一）	表3（一）
使用厚度1.5cm以上、寬9cm以上之斜木，或直徑9mm以上的斜鋼筋的軸組		表3（二）	表3（一）
使用厚3cm以上、寬9cm以上之斜木的軸組	斜木的下方為裝設用的柱子	表3（二）	表3（一）
	其他的柱子	表3（四）	表3（二）
使用厚度1.5cm以上、寬9cm以上之斜木來做交差結構，或直徑9mm以上的斜鋼筋來做交差結構的軸組		表3（四）	表3（二）
使用厚度4.5cm以上寬9cm以上之斜木的軸組	斜木的下方為裝設用的柱子	表3（三）	表3（二）
	其他的柱子	表3（五）	
結構用合板等，牆壁用昭和56年建設省告知的第1100號別表第1（1）項或（2）項所規定之方法固定的軸組		表3（五）	表3（二）
用厚3cm以上、寬9cm以上的斜木做交差結構的軸組		表3（七）	表3（三）
用厚4.5cm以上寬9cm以上的斜木做交差結構的軸組		表3（七）	表3（四）

表內圈起的部分跟我家相關

表3

（一）	用短的凸榫插入，釘上ㄇ型釘或以同等強度的方式固定
（二）	用長的凸榫插入，並打上木栓，是蓋上厚2.3mm的L型鋼片，對柱子跟橫架的建材分別用長6.5cm的5根圓鐵釘以平打來固定，或其他具有同等強度的固定方式
（三）	蓋上厚2.3mm的T型鋼片，對柱子跟橫架的建材分別用長6.5cm的5根圓鐵釘以平打來固定，或是蓋上厚2.3mm的V型鋼片，對柱子跟橫架的建材分別用長9cm的4根圓鐵釘以平打來固定，或其他具有同等強度的固定方式
（四）	蓋上厚3.2mm的鋼片，對焊接的金屬零件使用直徑12mm的螺栓，對柱子使用直徑12mm的螺栓鎖緊，對橫架的建材用厚4.5mm、40mm×40mm的方形金屬墊片鎖上螺帽，或是蓋上厚3.2mm的鋼片，對上下樓連續的柱子分別鎖上直徑12mm的螺栓，或其他具有同等強度的固定方式
（五）	蓋上厚3.2mm的鋼片，對焊接的金屬零件使用直徑12mm的螺栓，對柱子使用直徑12mm的螺栓鎖緊並釘上長50mm、直徑4.5mm的螺旋釘，對橫架的建材用4.5mm、40mm×40mm的方形金屬墊片鎖上螺帽，或是蓋上厚3.2mm的鋼片，對上下樓連續的柱子分別鎖上直徑12mm的螺栓並釘上長50mm、直徑4.5mm的螺旋釘，或其他具有同等強度的固定方式
（六）	蓋上厚3.2mm的鋼片，對柱子使用2根直徑12mm的螺栓，對橫架的建材、水泥基層或上下樓連續的柱子蓋上對應的鋼片，透過直徑16mm的螺栓緊緊結合，或其他具有同等強度的固定方式
（七）	蓋上厚3.2mm的鋼片，對柱子使用3根直徑12mm的螺栓，對橫架的建材（底層除外）、水泥基層或上下樓連續的柱子蓋上對應的鋼片，透過直徑16mm的螺栓緊緊結合，或其他具有同等強度的固定方式
（八）	蓋上厚3.2mm的鋼片，對柱子使用4根直徑12mm的螺栓，對橫架的建材（底層除外）、水泥基層或上下樓連續的柱子蓋上對應的鋼片，透過直徑16mm的螺栓緊緊結合，或其他具有同等強度的固定方式
（九）	蓋上厚3.2mm的鋼片，對柱子使用5根直徑12mm的螺栓，對橫架的建材（底層除外）、水泥基層或上下樓連續的柱子蓋上對應的鋼片，透過直徑16mm的螺栓緊緊結合，或其他具有同等強度的固定方式
（十）	使用2組（七）所提到的接口

　　0.91m×4個部位×1.5倍＝5.46m→表1 **14**

❹計算牆壁數量的充足率。

南側5.46m÷1.435＝3.8→表1 **15**

北側5.46m÷1.435＝3.8→表1 **16**

東側5.46m÷1.435＝3.8→表1 **17**

西側5.46m÷1.435＝3.8→表1 **18**

全部都在1以上，因此沒有問題。

❺用最小的牆壁數量的充足率，除以最大的牆壁數量的充足率，來算出牆壁比率。

3.8（南側）÷3.8（北側）＝1→表1 **19**

3.8（東側）÷3.8（西側）＝1→表1 **20**

兩者都在0.5以上，因此沒有問題。

結合部位的強度／決定金屬零件

　　為了不讓柱子、樑、底座因為地震或風壓而脫離位置，結合部位必須擁有一定以上的強度。我們會裝設金屬零件來達成這個要求，種類取決於承重牆的倍率跟外側轉角等等。請按照上表「國土交通省告示1460號」之中的「表1」跟「表3」來決定（表3）。

❶因為是平房，所以要看「表1」。比方說「使用厚3cm寬9cm以上的斜木」並且是「其他種類的柱子（沒有裝在斜木下方的柱子）」「轉角往外凸出的柱子」，就必須使用「表3」之「四」的金屬零件。記載必須使用之金屬零件的內容。

❷製造廠販賣相當於「表3」的金屬零件。以此來進行裝設。

防止Sick House的換氣用設備

　　為了避免房子變成Sick House（病屋），規定有「生活空間的空氣必須每1小時交換0.5次以上」。因此要考慮是否裝設換氣扇等機械式的換氣設備。

　　我家希望一切盡可能的精簡，因此選擇用機器來進行排氣，進氣則是用普通的開口來自然性的換氣，也就是「第3種換氣」。讓我們用下方的換氣計算表來說明。

❶計算家中所有空間（容積）的總合。我家為116.51m³。→表4 **1**

❷如果❶的空氣要在1小時內交換0.5次，換氣量必須達到58.255m³以上。

實際動工之前

第1個月
第2個月
第3個月
第4個月
第5個月
第6個月

■表4　換氣計算表

樓層	房間名稱	地板面積（㎡）	平均天花板高度（m）	氣積（㎥）	換氣類別	自然換氣	換氣機具的排氣量（A）（㎥/h）	換氣次數（n）
1樓	客廳	26.08515	2.2975	59.93	第3種換氣方式（自然吸氣與機械排氣）		97	
	廚房	6.21075	2.2	13.66		1處		
	寢室	14.49175	2.144	31.07				
	浴室、更衣間	4.1405	2.185	9.05				
	廁所	1.24215	2.2529	2.80				
				0.00				
	合計			**1** 116.51			97	0.833 OK

向購買換氣扇的製造商詢問有效換氣量，把相關資料附加在建築確認申請書內

機械設備的換氣次數為0.5次以上，所以沒問題

■表5　採光、換氣算定表①

窗戶的記號	窗戶種類	有效採光（窗戶面積）		有效換氣面積		房間名稱	地板面積
		W × H		窗戶面積×有效面積			
A	左右拉開	3.5	2.458 = **2** 8.603	8.603 = **3** 8.603	1	客廳　廚房	**4** 32.2959
D	橫向拉開	1.6 =	0.75 1.2	1.2 = 1.2	1	寢室	14.4918

廚房跟客廳加起來的數字

■表6　採光、換氣算定表②

窗戶的記號	a必要採光面積 房間面積×係數		b有效採光面積 窗戶面積×算定值（採光補正係數）		判定 a≦b	c必要換氣面積 房間面積×係數		d有效換氣面積	判定 c≦d
A	32.2959 = **5** 4.614	1/7 ≦	8.603 = **6** 25.809	3	**7** OK	32.2959 =	1/20 **10** 1.615	8.603 ≦	**11** OK
D	14.49175 = 2.070	1/7	1.2 = 3.6	3	OK	14.49175 = 0.725	1/20	1.2	OK

| 採光補正係數 | 開口處　A的算定值 | 14.3/1.514*10-1 **8** | = | 93.452 | >3 | 算定值　3 **9** |
| 採光補正係數 | 開口處　D的算定值 | 3.156/1.541*10-1 | = | 19.480 | >3 | 算定值　3 |

如果小於必要採光面積則加大或增加窗戶數量

從鄰地境界到屋簷的距離

屋簷到窗戶中心的高度

按照用途地區來決定。此處沒有指定用途地區，所以是這個數值

3 尋找1小時換氣量達到58.255㎥ 以上的換氣設備。我家希望可以減少換氣扇的數量，因此採用 φ150 的管狀換氣扇，只要1具就能達到這個要求。

換氣扇的產品規格表，必須附屬在建築確認申請書內，可以下載之後列印出來。

4 選好設備之後，決定換氣扇的室外遮罩，跟製造商連絡來確認這個換氣扇的有效換氣量，並索取相關資料。這些資料要附加在建築確認申請書內。

如果整棟房子只用1個換氣扇來進行換氣，門板必需要有Under Cut（門板下方跟地板維持10mm的空隙），來確保換氣的通路。使用火的設備所擁有的換氣機能，也要另外求出有效換氣量。

生活空間的採光、換氣計算

建築確認申請所附帶的資料之中有計算式的表格，請按照表格的指示來製作（表5）。以下為客廳、廚房的計算。

1 算出窗戶的面積。計算記載於平面圖的大小。
窗戶面積3.5m×2.458m＝8.603㎡→表5 **2**

2 算出有效換氣面積。
有效換氣面積 3.5m×2.458m＝8.603㎡→表5 **3**

我家把生活空間分成廚房、客廳、寢室，選擇最大的窗戶來進行計算。生活空間的採光跟換氣的計算，只要有大型的窗戶存在，

大多就不會有問題，不用將所有窗戶都加進去。如果達不到規定的基準，再來將其他的小窗戶加入計算。

雙向滑窗，實質上開口的面積只有一半，有效換氣也只有1/2，必須多加注意。

❸用表6來求出必要的採光面積。必要的採光面積為地板面積的1/7以上（規定值）。

客廳、廚房的地板面積為26.08515㎡＋6.21075㎡＝32.2959㎡→表5❹

必要的採光面是這個數據的1/7，因此必需要有4.6137㎡以上的採光。→表6❺

❹計算實際窗戶的採光（有效採光面積）。

窗戶面積8.603㎡×算定值（採光補正係數）3＝25.609㎡→表6❻

必要採光面積為4.6137㎡，因此沒有問。→表6❼

❺求出必要的換氣面積。

客廳、廚房的地板面積32.2959㎡×係數（1/20的法定數值）1/20＝1.615㎡→表6❿

❻所計算出來的窗戶面積8.603㎡比較大，因此沒有問題。→表6⓫

化糞池的設置文書

化糞池的設置文書，也要附加在建築確認申請之中。這要請業者製作。

提出建築確認申請

建築確認申請的資料完成之後，要到市町村的都市計劃課提出1套。另外在確認檢查機關提出3套跟建築概要書2份、建築工程通知1份（這些可以從網路下載）。各個確認檢查機關跟土木事務所會有些許的不同，請事先跟他們確認。提出之後便告一段落，要等1～2個禮拜左右。

但可以鬆口氣的時間很短，收到確認檢查機關打來的電話，前去確認必須訂正的部分。

要是有計算錯誤或錯字，就會連鎖性的讓其他部分也產生錯誤。另外，沒有符合法律規定的部分也要進行修正。對自己的粗心感

〈採光補正係數〉

採光補正係數的實際數值，會隨著地區而不同，請多多注意（參閱建築基準法施行令第20條第2項）。

❶我家是像圖9這樣。

D是開口處的屋簷到用地境界線的距離
H是屋簷到開口處中心線的垂直距離

讓我們用開口處A來進行具體的計算。我的土地沒有被指定用途地區，因此套用的係數是D／H×10-1。

14.3m／1.514m×10-1＝93.452→表6❽

❷按照規定，採光補正係數為3。→表6❾

求出必要換氣面積。

生活空間的面積×係數（1/20的法定數值）＝必要的換氣面積

32.2959㎡×1/20＝1.615㎡→表6❿

比表5的❸還要更少，因此沒有問題。→表6⓫

■圖9　我家的剖面圖

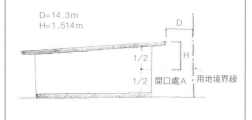

D＝14.3m
H＝1.514m

到不好意思，1個人喃喃自語的進行修正。真是辛苦檢查人員了。不要因為1次或2次被叫去修正就灰心，持續努力下去。

●Pre-cut（預切）／進行住宅的木工工程時，事先在工廠將木材切割或加工。　●牆壁數量（壁量）／結構計算時所使的，算定承重牆之數量的數據。　●承重牆（耐力牆）／建築物之中，對於地震跟風壓等水平荷重（來自橫向的負荷）具有抵抗能力的牆壁。　●正面面積／建築物承受風壓的垂直面積，用來求出面對風壓時所需要的軸組（框架）長度。　●斜木（對角材）／以傾斜的方式裝在柱子與柱子之間，用來強化建築結構的零件。　●壁量充足率／在小規模的木造住宅的平面圖內，長（與樑平行的方向）、寬（與桁平行的方向）等兩個方向的兩端4分之1內所存在的牆壁，跟必要的牆壁數量相比有多少的數字。　●轉角／內牆或外牆等兩個牆面相遇時所形成的轉角。　●生活空間／為了居住、工作、娛樂等目的而持續使用的空間。　●管道風機（Pipe Fan）／在排氣管貫穿外牆的部分，設有小型風扇的換氣設備。

實際動工之前

第1個月

第2個月

第3個月

第4個月

第5個月

第6個月

05 | 把工具跟材料湊齊

鐵鎚

專業用的款式會比較好用

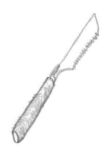

手鋸

選擇刀刃可以交換的類型

鑿子

寬15cm左右的類型

刨刀

美工刀

曲尺

也被稱為器直,準備30cm跟45cm即可

捲尺

用來測量用地的
約20m的款式
跟日常使用的7.5m(Convex)
有這兩種即可

必要的工具

　　各種工程所使用的道具不同,專用的道具
等用到的時候再來介紹,此處所提到的是隨
時都會用到的工具。一次全部買齊,需要一
筆不小的金額,可以在日常之中慢慢的一樣
一樣購買。

建築確認申請，就算順利也要1～2個禮拜才會通過。

在這段期間內，可以準備的事情要盡可能的完成。其中之一，是把工具跟材料湊齊。

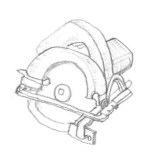

圓鋸機

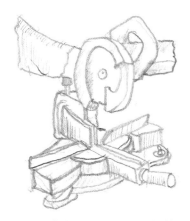

桌上型的滑動式圓鋸機

可以從自由的角度來切割木材。
滑動式的構造，可以對應各種寬度的材料。

電鑽

使用頻率較低
不用太貴也行

衝擊起子

用來將螺絲鎖緊，
裝上鑽頭來開孔，
也可以當作簡易型的板手

重點

專業用的道具
絕對可以得到
比較好的效果

砂輪機

木材的研磨或是切斷、將鐵鏽去除。
使用頻率較低
不用太貴也行

釘槍

建築用的釘書機

活動扳手

水平尺

實際動工之前

第1個月

第2個月

第3個月

第4個月

第5個月

第6個月

墨斗

在建材標上基準線的道具。
選擇可以對應10m的款式

鐵撬

起釘器。
約30cm的款式。
另外如果有比這更小的
室內裝潢用的鐵撬
則會更加方便

摺梯

選擇高1,800mm的款式
最好是這種兩腳的類型

工具腰帶

用來攜帶道具
附有袋狀結構的腰帶。
可以讓作業變得更加方便

雷射水準儀

可以測量水平、垂直、直角。
價位在35,000日幣以上,可以用租的,
或是以原始的方式用水桶跟水管來量出水平
直角則是使用畢氏定理

材料的取得

○透過網路購買

歸功於電腦網路,我認為自己動手蓋房子的可行性,出現飛躍性的提升。不光是查詢不懂的單字、尋找作業跟施工的說明,還可以透過網路來購買電氣用品跟設備機具,以及各式各樣的建材。而且價格也變得比較便宜。建材的Pre-cut也能透過網路來詢問。

○從日用品店或專門商品購買

最近的日用品商店幾乎什麼都有。大型的店內甚至還設有各種專區,輕易就能買到專業性的產品。在工程正式展開之前,先調查一下產品的種類跟價格,施工時總是會比較方便。

○向附近的建材商店或口碑良好的業者購買

要是有認識建築業的朋友,可以向他們請教各種問題,房子蓋起來也格外的簡單。附近若是有建材商店,或是能找到口碑良好、樂於助人的業者,都會是很大的助力。

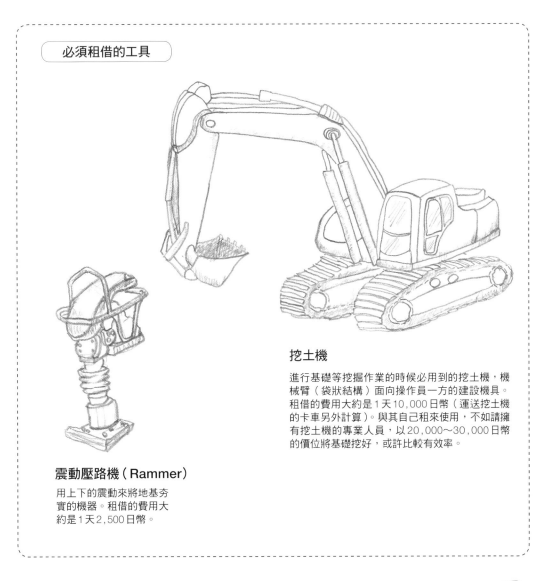

必須租借的工具

挖土機

進行基礎等挖掘作業的時候必用到的挖土機，機械臂（袋狀結構）面向操作員一方的建設機具。租借的費用大約是1天10,000日幣（運送挖土機的卡車另外計算）。與其自己租來使用，不如請擁有挖土機的專業人員，以20,000～30,000日幣的價位將基礎挖好，或許比較有效率。

震動壓路機（Rammer）

用上下的震動來將地基夯實的機器。租借的費用大約是1天2,500日幣。

畠山悟的經驗談

用煮飯的心情來蓋房子

對我來說，煮飯是一件快樂、沒有任何壓力的事情。只要準備好材料，按照食譜來料理，味道都不會太差。如果要往上提升，可以追求的部分是永無止盡，我認為只要達到自己可以接受的水準就好。

進行料理的時候，會用菜刀或鍋子等道具來料理食材等各種材料。在自己的拿捏之下多一匙少一匙，味道可能截然不同。蓋房子也相當類似，用鐵鎚或鋸子等道具，來將木材或膠水等建材加工。只要按照食譜的指示來進行，結果就不至於太過難看。只要腳踏實地、拋開不切實際的夢想，要實現高品味的住宅也不是不可能。蓋房子沒有正確答案，可以用自己的喜好來調味，裝到自己喜歡的容器內來享用。

我家可以說是「炒飯」。不是使用高級食材的法式料理，而是用冰箱內總是可以看到的材料，盡可能的做出好吃的料理。高級料理偶爾享用才會覺得美味與珍貴，每天都吃的話很快就會感到厭煩。那種東西偶爾到飯店去享用即可，我只要有炒飯就好了。從日用品中心買材料回來下功夫調理，如果能做出好吃的東西，相信會別有一番風味。

實際動工之前

第1個月

第2個月

第3個月

第4個月

第5個月

第6個月

06 | 裝設臨時電源

暫時將電力接上

開始作業的時候沒有電力可用會很困擾，因此要到附近的電力公司，跟櫃台說「要裝臨時電源」來索取「臨時電力使用申請書」。只有具備電氣工程資格的人才能進行施工與申請，因此要把資料拿到電氣工程業者（水電行）。雖然也試著由自己填寫，但可以填的部分只有使用者跟使用場所而已。

請水電行填好之後，把資料拿到關西電力公司，支付 12,075 日幣的手續費。到現場挖 1m 深的洞來插上鐵柱，設置電錶盒跟斷路器，然後等電力公司來裝電錶。在 1 個禮拜後就可以暫時性的通電。

進行地基調查之前

工程也需要水。必須請人挖開道路，從主要的供水管接出一條自來水管並裝上水錶，這要請地方政府指定的業者來進行。

水錶

地鎮祭也是 Self-Build

畠山悟的經驗談

地鎮祭是請神社的神主前來動工的地點，請土地神明允許我們在此動工的儀式。我既然是自己蓋房子，這個部分也想由自己進行，於是上網搜尋相關的資料。重點似乎是要好好的向神明打招呼。

供品是剛從田裡收成的白蘿蔔，家中的南瓜跟萬願寺獅子唐辛子，順便把前天釣到的魚也裝到箶籠內。拿起鋤頭跟鐮刀、腋下挾著一束稻草，把酒跟米、鹽裝到袋子內，準備動身。

神主請伙伴來擔任，施主、施工者、設計者則是我自己。唸唸有詞的，也不知道是什麼意思，把網路上查到的祝詞大聲頌出，老實說聽起來就像是大叔在打呼一般。對土地的四個角進行驅邪，拿起鋤頭揮個幾下，換成鐮刀再揮個幾下，有點擔心是否被外人看到。從口袋拿出 5 枚硬幣埋在土中當作賽錢。

把供品移開之後，準備享用神酒。忘了帶盃（酒杯），乾脆酒瓶拿起來往口中灌，讓喉嚨辣到受不了。從伙伴嘴唇滴下來的神酒，讓人感受到神秘的性感魅力，但看在他人眼中，卻只是兩個白天就在喝酒的壞榜樣。跟伙伴四目相交，同時笑了出來，覺得世間真是和平。

這會是對神明不敬嗎？

還請您息怒。

保佑整個工程平安結束。

07 | Pre-cut

Pre-cut的可能性

木造住宅，樑跟柱子的結合部位（直線、角度）必須經過加工。這在過去都是由木工師傅進行，現在則是可以到木材工廠用自動化的工作機械完成，這種方式被稱為Pre-cut（預切）。

由自己切割木材，就算可以成完結合部位的加工，位置跟裝設時的調整卻不是外行人所能判斷。而結構上也會產生不安，讓失敗的可能性往上提升。相較之下，Pre-cut工廠擁有豐富的經驗，由我們主動提出問題來商量，大多可以得到不錯的建議。透過這種方式，讓我得到安全且具有充分精準度的建築。

就成本方面來看，這種做法也相當划算。如果向附近的鋸木廠訂購木材，材料費比Pre-cut工廠要高出一成。省下來的部分就當作Pre-cut的加工費。Pre-cut會用大量生產來壓低成本，因此比較便宜。從Pre-cut工廠購買加工過的建材，應該可以讓往後的Self-Build變得更加容易。

跟Pre-cut工廠討論時需要的資料

○ 平面圖／建築確認申請時提出的那份即可。

○ 立面圖／建築確認申請時提出的那份即可，但四個面全都要有。

○ 可以得知底座位置的圖面／底座的位置，簡單來說就是擺上柱子的位置。

○ 顯示內外門窗高度的圖／最好要有房間的展開圖，但在一開始可以先決定門窗外框或內部門窗的大小，來畫到平面圖內代替。鋁製門窗有固定的標準尺寸，要在此時檢查鋁製門窗外框的大小。門窗外框的寬度，會由柱子的間隔來決定。高度則是

※大引：1樓地板結構的主要骨架，用來支撐圓木（根太）

以比標準尺寸多3mm左右，縫隙用密封材來調整。

○ 可以得知斜木位置的圖面／建築確認申請時提出的那份即可。樹種為美國鐵杉或花旗松，尺寸跟建築申請確認的內容相同。

○ 可以得知地板構造的圖面／只要能得知底作頂端到天花板表面的高度即可。在傳統的木造軸組工法之中，1樓地板會在底座、大引※擺上圓木，然後鋪上合板跟表面材質。我則是將圓木去除，直接把24mm的合板鋪在大引上面，然後是表面材質。這麼做的原因，是想要減少客廳跟寢室地板的高低落差，並且去除圓木來縮短工程。

○ 柱子、大引、底座、隔間柱的大小跟樹種／我家的柱子為105mm×105mm的杉木乾燥木材，大引是注入防腐劑的105mm×105mm的鐵杉，底座是注入防腐劑的105mm×105mm的鐵杉，隔間柱的大小為105×30mm，材料全都是乾燥木材（KD木材）。

○ 對特別堅持的部分下達指示／比方說指定暖爐煙囪穿過天花板的位置。

決定以上的部分，然後展開協商。之後會從Pre-cut工廠手中拿到規格書來填寫，到時可以參考下圖來。

> **重點**
> 一樣一樣的
> 確實決定實際的尺寸。
> 曖昧或籠統會成為失敗的原因

檢查重要的圖面，集中所有精神

Pre-cut工廠製作好圖面之後，要集中所有的精神跟注意力來進行檢查。專家也是人，

實際動工之前

第1個月

第2個月

第3個月

第4個月

第5個月

第6個月

■Pre-cut工廠製作之圖面的檢查重點

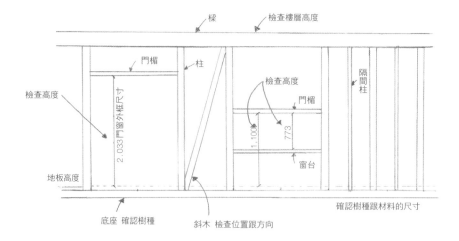

樑　檢查樓層高度

門楣　柱

檢查高度

2.033 門窗外框尺寸

地板高度

底座 確認樹種　斜木 檢查位置跟方向

檢查高度

門楣

隔間柱

1.100

773

窗台

確認樹種跟材料的尺寸

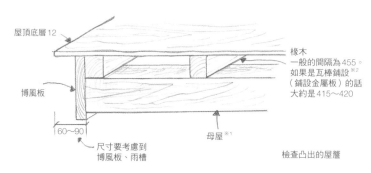

屋頂底層12

博風板

60~90

尺寸要考慮到博風板、雨槽

椽木
一般的間隔為455。
如果是瓦棒鋪設※2
（鋪設金屬板）的話
大約是415~420

母屋※1

檢查凸出的屋簷

屋頂底層如果太長，到時可以切掉

※1母屋：在棟跟屋簷之間，用來支撐椽木的木材
※2瓦棒鋪設：順著屋頂的傾斜的方向釘上木條，將金屬板彎成凵形來鋪上去的手法

有可能出錯。也可能是我們給予錯誤的指示。

　　總之要徹徹底底的檢查。常常出錯的部分如下。

○開口處的高度跟位置

○斜木的位置與方向

○屋簷往外凸出的尺寸

○使用材料的種類

○細節的尺寸

跟繪製Pre-cut圖面的人討論到什麼程度將是成功的關鍵

重點

　　我們所意指的部分跟工廠本身的解釋，有時會出現誤差。為了避免蓋好之後才發現完全不同，要一樣一樣的細心檢查。也因此我認為，住宅的構造簡單一點，比較不容易產生錯誤。完成的Pre-cut圖面刊登在182頁。

Pre-cut之後，會像這樣印上編號送來。

●繼手（直線性結合）／木材以軸的方向進行結合的部位。

●仕口（角度結合）／直角或傾斜等等，帶有角度的結合部位。

●根太／橫跨在底座跟大引之間，承受地板重量的結構材。

08 | 彎曲鋼筋

■標準性的基礎

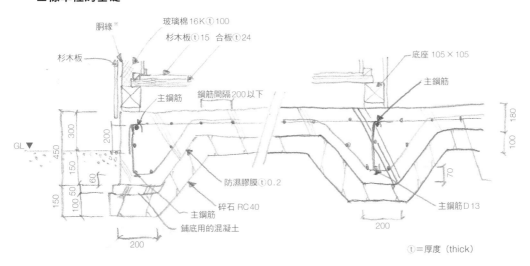

玻璃棉 16K ⓣ 100
杉木板 ⓣ 15　合板 ⓣ 24
胴緣※
杉木板
底座 105×105
主鋼筋
主鋼筋
鋼筋間隔 200 以下
防濕膠膜 ⓣ 0.2
碎石 RC 40
主鋼筋
鋪底用的混凝土
主鋼筋 D 13

ⓣ＝厚度（thick）

※胴緣：將板材貼上時，用來承受的基層材料

終於要進入工程的階段。化糞池決定接受市政府的補助金，因此到市政府提出必要的資料，且需等待一小段的時間。希望可以在一開始設置化糞池，之後再開始正式的基本工程。沒有時間可以浪費，先動手來彎鋼筋吧！

重點

要從長的鋼筋開始加工

鋼筋是用來埋在基礎的混凝土之中，以提高結構的強度。為了組合出籃子一般的構造，要讓鋼筋彎起來才行。該怎樣才能完成這項作業，一切都靠自己摸索。

看著基礎剖面圖，來確認必須彎曲的鋼筋數量。用鋼筋彎曲機（Cut Bender）來切斷、彎曲。鋼筋除了直角（彎曲90度）之外不容易得到精準度，把應該彎曲的鋼筋畫出原寸大小的圖案，按照這個圖來進行彎曲。這樣對外行人來說，應該比較容易作業。

重點

比較短的部分
要盡量使用長的鋼筋
剩下來的材料

鋼筋彎曲機，用來將鋼筋彎曲或切斷。如果搞錯彎的順序，會變得比較不容易作業，請多加注意。

■各種彎曲的鋼筋

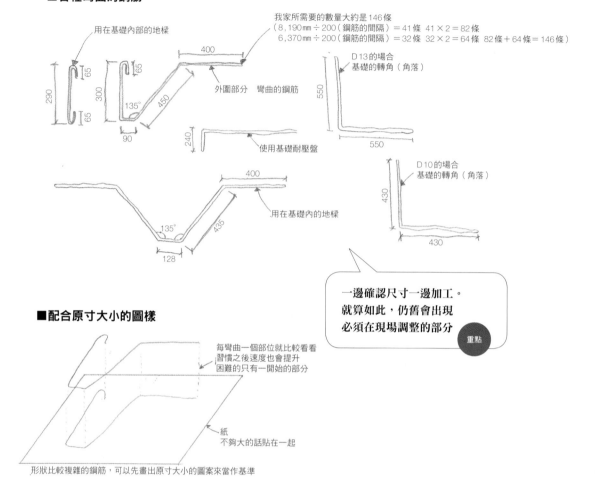

我家所需要的數量大約是146條
（8,190mm÷200（鋼筋的間隔）＝41條 41×2＝82條
6,370mm÷200（鋼筋的間隔）＝32條 32×2＝64條 82條＋64條＝146條）

用在基礎內部的地樑

外圍部分 彎曲的鋼筋

使用基礎耐壓盤

用在基礎內的地樑

D13的場合
基礎的轉角（角落）

D10的場合
基礎的轉角（角落）

重點

一邊確認尺寸一邊加工。
就算如此，仍舊會出現
必須在現場調整的部分

■配合原寸大小的圖樣

每彎曲一個部位就比較看看
習慣之後速度也會提升
困難的只有一開始的部分

紙
不夠大的話貼在一起

形狀比較複雜的鋼筋，可以先畫出原寸大小的圖案來當作基準

不蓋3棟無法實現讓人滿意的住宅？

畠山悟的
經驗談

「從以前就說最少要蓋3棟房子，才能蓋出讓人滿意的家」隔壁的阿姨面有難色的給我這樣的忠告。但我並不這麼認為。人類的欲望本來就是永無止盡，就算滿足也只是短短一瞬間。馬上又會出現不滿意的部分。蓋3棟房子之後，對此已經感到習慣，開始能夠接受不方便的部分，出現「沒有十全十美的住宅」這種懂得如何取捨的心情。雖然互相矛盾，但我覺得滿足或許就是理解應該捨棄哪些部分。

既然不可能十全十美，打從一開始就不要奢望

太多，選出自己所需要的最低條件，我認為這樣比較可以讓人接受。

收納的數量不用太多，也不需要太大的寢室，沒有豪華的客廳也沒關係，浴室只要可以淋浴就好。想要泡澡的時候，到附近的溫泉就行。進行取捨，保留最低限度的部分。很悲哀的，人類無法擁有所有一切，想要得到什麼，另一方面就必須捨棄什麼。我認為生活就是這麼一回事。

附帶一提，家的模型我到是蓋了3座。

動 工

一鼓作氣的6個月正式開始

踏出第一步來一口氣了結

　　Self-Build乍看之下緩慢且悠閒，但實際上進行起來，卻是集中所有精神跟體力來完成眼前的作業，人生之中沒有幾次的重要工作。蓋房子的這6個月，從來就沒有如此認真，頭腦跟身體都全力運作。能夠依靠的只有自己一個人，對自己進行規範，遵守自己所訂的規則，只是一味的採取行動。

　　自己這樣一個外行人動手蓋房子，心充滿了不安。周圍的人都說「你一定是做了很大的覺悟」，讓自己變得更加不安。可是一但下定決心，就有一場冒險在等著。早就已經忘記的新鮮與興奮，在心中重心燃起。

　　雖然也有不安，但一切全都是由自己負責。沒有正確答案，不用在意其他人，按照自己所想的，以自畫自　的方式動手即可。實際上的狀況雖然是在周圍大多數人的冷眼相待之下，孤獨的作業下去，但是當住宅越來越接近完成，就能體會到人生從來不曾感受過的充實。

　　我認為往前踏出第一步的力量，同時也是讓Self-Build住宅完成的力量。

把公司倒閉、人員緊縮當作轉機

　　自己蓋房子的時候無可避免的障礙之一，是時間的問題。就算有心想要動手，利用休假的時間花幾時年的時間完成，在外國雖然並不罕見，但在現代的日本卻並不實際。但如果只有6個月的話呢。我認為如果能順勢衝出門外、順勢蓋好，應該就能蓋出構想之中的房子。

　　行動的機會到處都是。現代這個時代，公司倒閉、人員緊縮、轉換跑道等等，並不是罕見的事情。遇到這些狀況的時候，請不要灰心喪氣，反而要慶幸「可以擁有很多時間」，當作是動手蓋房子的大好時機。人生之中有這麼一次沒有收入的時間，應該也沒有關係才對。活用這個機會蓋一間屬於自己的房子，一定可以讓往後的人生更加穩定。要是可以在年輕的時候蓋好房子，這份經驗將帶來自信，尋找下一份工作的時候也有更多的機會。

　　為了達到這點，讓我們順勢以6個月來將房子蓋好。當然，為了隨時都能動手，在機會來臨之前，家的計劃跟購買土地等等，要一點一點的累計來做好準備才行。

基礎工程

所有的基礎都在此

實際動工之前

第1個月

第2個月

第3個月

第4個月

第5個月

第6個月

09 | 拉地繩，決定建築精準的位置

重點

一部分敞開
讓搬運挖土機的車輛
可以進入

重點

拉地繩的時候
一定要是直角。
對角線的長度相同即可

拉地繩

拉地繩，是在地面用繩子拉出房子的形狀。不一定要用繩子，塑膠線等都可以拿來代用。在調查地基的時候雖然拉過一次，但這次必須更為精準。

必須注意的一點，是確實標示出房子的轉角等直角的部分。就算四邊長度相同，也有可能是平形四邊形，請利用畢氏定理來確實測出90度，並且讓4個角的對角線長度相同，這樣才能算數。可以接受的誤差在2～3cm以內。

決定建築精準的位置

「水盛」是指決定建築精準位置的作業，也被稱為「丁張」。這是基本工程的核心部分，必須慎重的進行。

❶在地繩外側1m左右的位置進行。從日用品中心購買長度約1m的木樁，用1.8～2m的間隔豎起。用大鎚來確實的釘在地面上。讓木樁留下約3.5m的間隔，挖掘基礎的機具（挖土機）進入的位置。

❷轉角部位的木樁，用釘子把斜木釘上。

❸用雷射水準儀，在所有的木樁上都標出水

在地面拉出繩子來標示家的形狀，藉此決定建築物正確的位置跟高度的作業。
這將成為往後作業的基準。

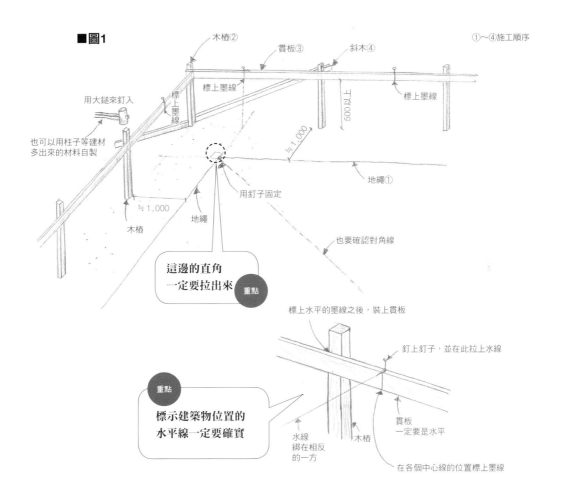

■圖1

①～④施工順序

木樁②
貫板③
斜木④
①～④施工順序

標上墨線
用大鎚來釘入
標上墨線
標上墨線

≒500以上
也可以用柱子等建材
多出來的材料自製

≒1,000
地繩①

≒1,000
用釘子固定
也要確認對角線

木樁
地繩

重點
這邊的直角
一定要拉出來

標上水平的墨線之後，裝上貫板

釘上釘子，並在此拉上水線

重點
標示建築物位置的
水平線一定要確實

貫板
一定要是水平

水線
綁在相反
的一方

木樁

在各個中心線的位置標上墨線

平標示（距離地基表面／GL大約600mm的位置）。

❹用寬60～90mm×厚12×長4,000mm的木材當作貫板，順著水平標示用釘子釘上去。綁上水線來當作柱子的中心線。往後在配置管線跟裝模板的時候，都會以此為基準。這個中心線一樣也拉出直角。

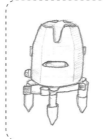

雷射水準儀

這項設備可以減少錯誤，也能縮短工期。選擇可以顯示水平、垂直、直角的款式。可以向五金行租借。

●地繩／為了在用地內標示建築的位置而拉起來繩子。 ●貫板／寬60～90mm、厚9～15mm左右的杉木板。 ●中心線／在建築物的平面上，決定柱子、牆壁或門窗外框的中心線，用來當作整個工程的基準線。 ●畢氏定理／勾股定理，顯示直角三角形3個邊之關係的等式。 ●水線／用來標示水平的細繩。

實際動工之前

第1個月

第2個月

第3個月

第4個月

第5個月

第6個月

10 | 裝設化糞池

了解化糞池的構造
確認是否可以實現
排水用的斜度
再來指示裝設的位置

重點

決定位置之後開始挖掘。

■化糞池剖面圖

調整高度的材料

必須要有電源
不要忘記
設置插座

要為細菌
提供氧氣

曝氣機

混凝土

磚塊

▼GL

HIVP管

擺在屋簷下方

流入管

流放管

混凝土

100
100

碎石

2,060以上

鋪設混凝土，裝上化糞池。

因化糞池決定接受市政府的補助金，所以必須交給專門的業者來進行。費用雖然會變得比較貴，但也只能接受。

❶業者用卡車載著挖土機前來。向他們說明設置化糞池的場所，讓他們進行挖掘。深2×寬1.5×長2.5m左右，只要2小時一下子就挖好。地基的狀況也沒問題。

❷放入碎石夯實。

❸為了當作化糞池的基礎，設置模板並放入鐵絲網，灌入100mm厚度的混凝土。不到一天就完成這些工作，真不愧是專門的業者。

❹等待幾天，一直到混凝土擁有充分的強度。

❺設置化糞池，以及將空氣送進曝氣機的管線。（為了避免化糞池晃動，用鋼絲將化糞池綁在基礎上面）

❻一邊把水灌到化糞池內，一邊埋回去。

❼將混凝土灌到化糞池上方，作業完成。

●碎石／製作基礎的時候用來鋪在下方的12～15cm大的碎石。 ●模板／液狀材料固定的時候，用來維持特定形狀的模具或零件。 ●鐵絲網（Mesh）／鋼線網或焊成網狀的鐵絲。讓3～6mm的鐵棒以直角交差排列，用電焊的方式將交差點固定起來製成。

11 | 基礎的挖掘工程

| 必要的工具跟材料 | □挖土機　□平頭鏟　□鋤頭　□刻度棒　□水線 |

■進行挖掘的部分

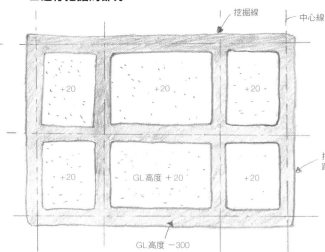

挖掘線　中心線

+20　+20　+20

+20　GL高度 +20　+20

GL高度 −300

挖掘的狀況

挖掘的部分為裝設承重牆的線條跟每4m以內（底板厚度150-D10）的部分

　　我家採用的基礎，不是一般所謂的「水平連續性基礎」（用倒T型的鋼筋混凝土延伸出去的基礎），而是底部一整面都鋪上混凝土，用整個底板來承受住宅重量的「一般型基礎」。跟水平連續性基礎相比，混凝土的使用量雖然比較多，但作業比較沒那麼麻煩，適合自己蓋房子的人使用。挖開地面，製作埋到地底下的紮根部分。

❶順著外圍部分跟內部承重牆的中心線，挖掘深300mm、寬450mm的溝道，將46頁所製作的鋼筋放入。挖土機的鏟頭寬度為450mm，可以直接用這個寬度來挖掘。用石灰在挖掘的地點畫出線條，就絕對不會出錯。我是用鋤頭挖出淺淺的線條來當作標示。

❷開挖之外的部分必須比地面高出20mm，因此挖出來的土有一部分要移到室內。

> **重點**
> 挖掘的深度要用刻度棒來測量

●水平連續性基礎／用剖面為倒T型的鋼筋混凝土連續延伸出去的基礎。　●紮根部分／地基面（GL）到基礎底部的距離。　●承重牆（耐力牆）／建築物之中，對於地震跟風壓等水平荷重（來自橫向的負荷）具有抵抗能力的牆壁。　●刻度棒／劃有刻度，用來測量挖掘深度的棒子。

畠山悟的經驗談

操作起來不如預期

　　第一次操作挖土機，很難隨心所欲的進行作業。按照腦中所想的方式來控制，但挖土機實際上的動作卻不一樣。混亂之下機械臂去撞到檔板，讓人嘆一口大氣。「這樣到底是要搞到什麼時候啊」，結果光是這項作業就花了一天半。想到接下來可能都會是這種狀況，就讓人感到非常的不安。

實際動工之前

第1個月

第2個月

第3個月

第4個月

第5個月

第6個月

12 | 埋設管線

> **必要的工具跟材料**
> □VU φ 100 PVC管　□VU φ 50 PVC管　□VU φ 100彎管　□VU φ 50彎管
> □砂輪機　□接著劑　□PVC專用鋸

■排水管的計劃

8,190

2,130
2,215
450
廚房用 φ 50
洗臉用 φ 50
265
廁所用 φ 100
浴室用 φ 50
300
洗衣機用 φ 50
300

6,370
910
455
1,820
600
600

1,080

柱子中心線

尺寸為跟中心線的距離

廁所以外的管線裝在地面以上，事後再來想辦法也可以，唯獨廁所的位置不可以出錯

反覆確認，位置不可以出錯

高出FL約10cm
300左右

基礎

▼GL

300左右

PVC管

PVC管（VU）

倒角
接著劑

彎管

接著劑

> **別忘了塗上接著劑** 重點

插入之後要按住30秒，太早放開水管將無法固定

埋起來之後加蓋

　我家是選擇將管線埋在基礎內，因此裝設的時候必須算出精準的位置。特別是廁所的尺寸，如果出錯的話，馬桶可能會在房間中央，甚至無法裝設，要多加注意才行。

❶洗臉台、洗衣機、浴室、廚房用的管線為VU φ 50的PVC管，廁所則是使用VU φ 100的PVC管。分別鋸成所需的尺寸，切口用砂輪機磨成倒角，結合部位塗上接著劑。（參閱98頁的冷熱水管的管線工程）

> **PVC管要稍微長一點** 重點

❷一邊用圖面來確認各個管線的位置，一邊用鏟子等道具來挖開。洗臉台跟廚房的管線

位在地面上，最後再進行調整，但廁所管線的位置一定要精準。拉出水線，以此為基準來配置管線。（冷熱水管漏水的風險較大，採用從外牆插進室內的方式）

❸把管線周圍的土填回去。要是不小心有石頭混入，可能會傷到PVC管，加入沙子來把周圍蓋起來。

> **用沙子蓋住以免傷到PVC管埋設結束之後加蓋才不會有石頭等雜物進入PVC管內** 重點

●倒角／把切面等銳利的部分磨成圓弧，使其不再那麼銳利。

13 | 鋪上碎石

必要的工具跟材料

□鏟子　□獨輪車　□碎石RC-40　□鋤頭　□震動壓路機（不可以是壓土機（Compactor））

把碎石壓平之後的樣子

■如何使用刻度棒

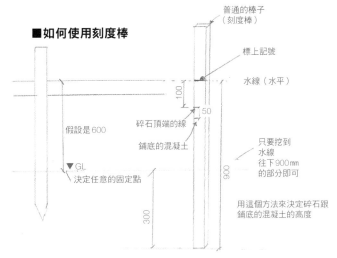

普通的棒子（刻度棒）

標上記號

水線（水平）

碎石頂端的線

鋪底的混凝土

假設是600

100

50

▼GL
決定任意的固定點

300

900

只要挖到水線往下900mm的部分即可

用這個方法來決定碎石跟鋪底的混凝土的高度

測量地基面到水線的距離（圖中為600mm），在這個長度加上300mm的地方標上記號。把這個記號對準水線並指向挖掘的底部，則不用另外測量也能確定是否為900mm的深度。

在灌入混凝土之前，先鋪上碎石。

❶10噸卡車載著滿滿的RC-40碎石抵達。讓卡車停在基礎的附近，一邊注意不要去撞到標示物體，一邊將碎石倒下。

❷表層為100mm左右的厚度。用鏟子或鋤頭來鋪到整個表面上。用壓路機壓過之後會下沉一點，要多鋪個20mm左右。

❸用震動壓路機把碎石壓密。

❹用刻度棒來確認是否為正確的尺寸。用來當作基準的，不是地基的高度，而是建築精準的位置。若不這樣做，一切都有可能會走樣。以謹慎的方式一項一項的進行確認。

> 回到原點檢查是否有錯誤存在。
> 是否能在早期察覺錯誤將非常的重要
>
> 重點

●碎石／把天然的岩石以人工方式敲碎，加工成道路或混凝土等，土木跟建築可以當作骨材來使用的尺寸。　●覆蓋厚度／鋼筋到混凝土表面的最短距離。

震動壓路機（Rammer）

向建設公司租來使用。
重量非常的重。

❶啟動引擎即可開始運作。彈簧單高蹺的重量級版本。手掌會傳來不小的振動，上上下下的反覆運作。首先是一般型基礎的混凝土板（Slab）。空間較為寬廣，作業起來也相當容易。不知道哪裡該怎麼壓，總之就是繞圈圈的一直壓下去。邊緣比較容易崩塌，注意不要壓過頭。

❷整個都壓過一次之後，檢查有沒有太低的部分，再一次讓碎石均勻的散佈。用壓路機再壓過一次，把高度湊齊。如果高度落差太大，會增加混凝土的用量，或是讓鋼筋的覆蓋厚度不足，在成本跟施工方面都產生損失。

實際動工之前

第1個月

第2個月

第3個月

第4個月

第5個月

第6個月

14 防濕布跟墊底的混凝土

必要的工具跟材料

□土間防濕布　□防水膠帶　□混凝土　□獨輪車　□刻度棒　□鏟子
□水平尺　□木材※　□鏝刀
※當作尺來使用，盡量選擇筆直、45mm×45mm×長2m左右的木材

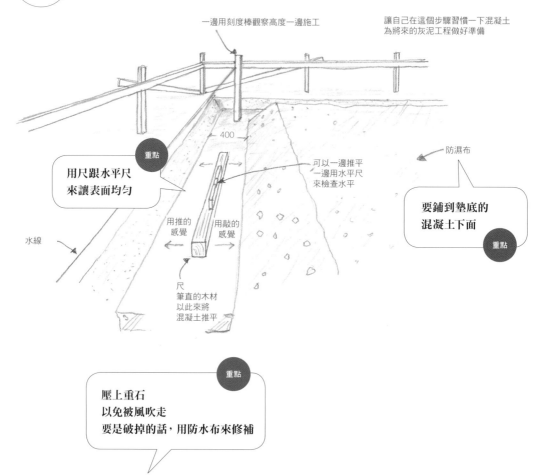

一邊用刻度棒觀察高度一邊施工

讓自己在這個步驟習慣一下混凝土
為將來的灰泥工程做好準備

400

防濕布

重點
用尺跟水平尺
來讓表面均勻

可以一邊推平
一邊用水平尺
來檢查水平

重點
要鋪到墊底的
混凝土下面

水線

用推的感覺　　用敲的感覺

尺
筆直的木材
以此來將
混凝土推平

重點
壓上重石
以免被風吹走
要是破掉的話，用防水布來修補

鋪設防濕布

在碎石上面、基礎部分的整面鋪設厚0.2mm的土間防濕布。以避免客廳或寢室的濕度上升。防濕布之間的縫隙貼上防水膠帶。

墊底的混凝土

這項混凝土工程，是為了將基礎的底面整平，提高基礎的混凝土墨線跟模板的精準度。只在外圍中心線的部分，鋪上厚50×寬400mm的混凝土，這個高度也是以建築位置的標示為基準。

❶把工廠送來的預拌混凝土，裝到獨輪車內來進行搬運。

❷一邊用刻度棒來觀察高度，一邊調整混凝土。像上圖這樣運用水平尺跟尺，以敲打的方式形成均等的表面。

❸接著用鏝刀來將表面抹平。用鏝刀的整個面來進行塗抹，以形成均衡的表面。必須注意，作業的時候會用建築精準的位置來測量高度，但常常只注意中心線，忘了要將其他部分抹平，也忘了要讓整體得到均等的高度。確實完成這個步驟，可以大幅提高鋼筋跟模板工程的作業性。

為了提高基礎的精準度，在鋪好的防濕布上面鋪上混凝土。
就當作是正式工程之前，用來習慣混凝土的練習。

鋪上土間防濕布的樣子
PVC管的周圍也要貼上
防水膠帶。

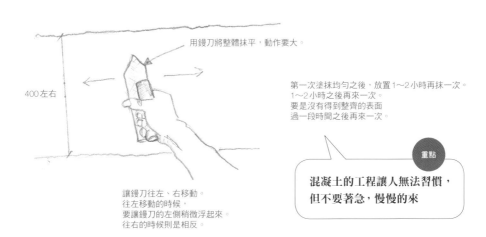

用鏝刀將整體抹平，動作要大。

400左右

第一次塗抹均勻之後，放置1～2小時再抹一次。
1～2小時之後再來一次。
要是沒有得到整齊的表面
過一段時間之後再來一次。

讓鏝刀往左、右移動。
往左移動的時候，
要讓鏝刀的左側稍微浮起來。
往右的時候則是相反。

重點

混凝土的工程讓人無法習慣，
但不要著急，慢慢的來

❹1個小時之後再次用鏝刀將混凝土塗抹均勻，之後等1～2個小時，再次將表面塗抹均勻。要是沒有整齊的話，過一小段時間之後再來一次。這是用來墊底的混凝土，沒有必要讓表面太過美觀，但為了接下來的混凝土工程，還是讓自己在此練習一下。

將混凝土抹平的時機

將混凝土抹平的次數跟時間，會隨著季節跟混凝土的狀態而改變。進行的時候請參考以下各個項目。
❶將混凝土抹平，過一段時間後，有水浮現到表面。
❷過一段時間之後表面的水消失，表面成為泥狀的質感，在此確實的塗抹均勻。
❸之後經過1～2個小時，如果天氣較冷則是3個小時左右，泥狀的混凝土會凝固下來。此時再來塗抹均勻一次。
❹要是表面沒有整齊，則過一小段時間之後再來一次，但放置太久會讓混凝土凝固下來，摸太多次也只會讓表面凌亂。要記住可以將表面抹平的感覺。灰泥的工程也是同樣的要領，讓自己在此先習慣一下。

實際動工之前

第1個月

第2個月

第3個月

第4個月

第5個月

第6個月

15 | 外圍的中心線跟模板的墨線

必要的工具跟材料

□雷射水準儀　□捲尺　□水線　□墨斗　□鉛錘　□釘子（也要準備28mm左右的小釘子）

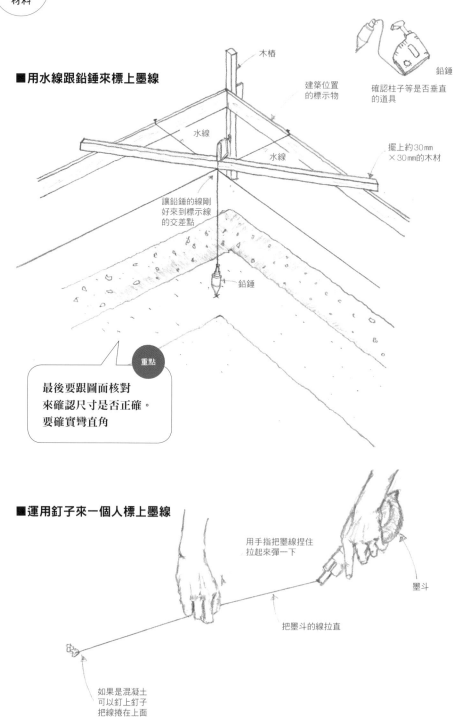

■用水線跟鉛錘來標上墨線

木椿

建築位置的標示物

鉛錘

確認柱子等是否垂直的道具

水線

水線

擺上約30mm×30mm的木材

讓鉛錘的線剛好來到標示線的交差點

鉛錘

重點

最後要跟圖面核對來確認尺寸是否正確。要確實彎直角

■運用釘子來一個人標上墨線

用手指把墨線捏住拉起來彈一下

墨斗

把墨斗的線拉直

如果是混凝土可以釘上釘子把線捲在上面

蓋房子，是讓腦中的形象得到具體的形狀跟尺寸來製作成圖面，
並按照這份圖面來製造出實體的作業。
要算出正確的尺寸跟角度來當作基準。

按照圖面來蓋房子，必須盡可能的排除尺寸跟角度上的的誤差。因此用墨斗標出墨線，是非常重要的作業。此處的作業，是在製作基礎之前彈上墨線來當作標示，要謹慎的執行以免出錯。

❶首先在外圍部分的中心線標上墨線。利用水線跟鉛錘，把標示線交差之轉角的4個點，標示在墊底的混凝土上。

❷接著在外圍裝設模板的線條標上墨線。把釘子釘在混凝土上來捲上墨斗的墨線，就可以自己一個人完成。

> **重點**
>
> 要是已經架上鋼筋，
> 模板的墨線會不容易附著，
> 所以在此將兩者都標上

冬天下的雨非常冰冷，灌入墊底的混凝土之後，天空開始飄下雨滴。混凝土的表面出現有積水跟沒有積水的部分。看來墊底用的混凝土實際上並不是水平。作業的時候明明就是那麼的謹慎，但眼前的雨水不會騙人。

測量之後發現誤差不到5cm，決定就這樣進行下去。要是真的在意，可以在較低的部分重灌一次混凝土，但受到下雨的影響，讓人提不起那個勁。在往後的作業之中，混凝土的量勢必會稍微增加，但想一想也就算了。將表面的積水排除，乾了之後準備進行標上墨線的作業。

●鉛錘／用來測量柱子等是否為垂直的道具。
●轉角／內牆或外牆等兩個牆面相遇時所形成的轉角。

尺寸測量的誤差是家常便飯

畠山悟的
經驗談

「是1523公釐沒錯」一邊自言自語的，一邊將材料切斷。1523公釐、1523公釐，有如咒語一般的反覆唸著。

「我想一下，嗯，是‥‥1532公釐沒錯」

標上記號動手切割。沒有發現自己的錯誤，拿著切好的材料進行比對。

「奇怪了，怎麼對不上去」

尺寸不符，當然合不上去。再試一次，結果還是不行。重新測量現場跟材料的尺寸，才發現錯在哪裡。

「真是怪事」

明明就是自己出錯，卻看向捲尺跟其他的道具，想要尋找代罪羔羊。

這種事情一次又一次的上演。一開始本來就會出現許多錯誤，但就這樣下去，材料的損失會累積成一筆不小的支出，交給其他人來做說不定比較便宜，各種不安的心情纏繞在心中。

但經過幾次失敗之後，開始瞭解錯誤的原因在哪，失敗的次數也越來越少。等到接近完成的時候，對於自己測量出來的數字已經是充滿自信，幾乎沒有需要重新測量的部分。作業的效率也跟著往上提昇，朝著終點加速往前。

尺寸不論是由誰來量都是一樣，數字是不會撒謊的。

實際動工之前

第1個月

第2個月

第3個月

第4個月

第5個月

第6個月

16 | 鋼筋工程

□鋼筋扎鉤　□捆綁用鐵絲　□分隔物（混凝土製成的骰子般的物體）　□鋼筋彎曲機　□鋼筋

■鋼筋框架的意象圖

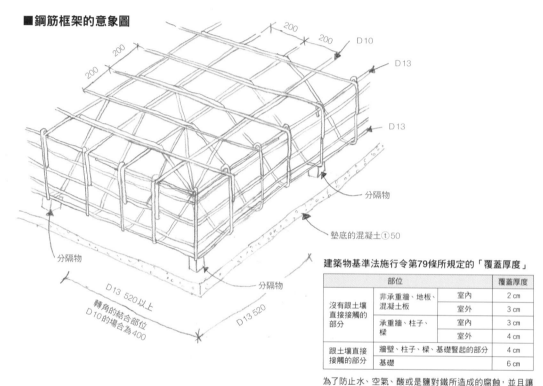

200　200　200　D10

D13

D13

分隔物

墊底的混凝土⊥50

分隔物

分隔物

D13 520以上

轉角的結合部位
D10的場合為400

D13 520

建築物基準法施行令第79條所規定的「覆蓋厚度」

部位			覆蓋厚度
沒有跟土壤直接接觸的部分	非承重牆、地板、混凝土板	室內	2 cm
		室外	3 cm
	承重牆、柱子、樑	室內	3 cm
		室外	4 cm
跟土壤直接接觸的部分	牆壁、柱子、樑、基礎豎起的部分		4 cm
	基礎		6 cm

為了防止水、空氣、酸或是鹽對鐵所造成的腐蝕，並且讓鋼筋跟混凝土可以有效附著在一起而規定的厚度。尺寸為鋼筋到混凝土表面的最短距離。

　　用鋼鐵混凝土打造的一般型基礎的組裝鋼筋的工程。把動工前事先彎好的鋼筋排上去。

　　如果是2層樓的建築，會用150mm的間隔來組裝D13的鋼筋（直徑約13mm的竹節鋼筋），但我家是平房，因此選擇D10（鋼筋的直徑約10mm）。按照鋼筋架構的圖面，來把D10規格的鋼筋排放上去。接著排列外圍部分的鋼筋。要是搞錯順序，一切可能得重新來過，請多多注意，以免浪費寶貴的時間。

❶像圖這樣把鋼筋架構組裝起來。我所購買的鋼筋長度為6m，有些部分必須

重點 一邊考慮相接的位置跟長度一邊進行組合

將鋼筋綁起來，長度才會足夠。兩條鋼筋連結的部分，會有一些規定存在。

要是連結部位沒有使用鉤子，必須讓鋼筋以直徑（粗細）40倍的長度（D10為400mm、D13為520mm）互相重疊。在測量、切割、彎曲鋼筋的時候，就必須先想到這點。

❷使用鋼筋扎鉤跟捆綁鋼筋用的鐵絲，來組裝混凝土版（Slab）與其內部的鋼筋。用大約2m的間隔來將鋼筋綁起來，但在這個階段還不會進行固定，等全部組裝好了之後再來確實的綁緊。

❸在混凝土版（Slab）的鋼筋下方，以大約2m的間隔來墊上分隔物。

❹組裝外圍的鋼筋。此時如果沒有確認是否

為了將基礎的混凝土灌入，必須將鋼筋組裝在一起。

混凝土的厚度已經降低到Self-Build容易處理的高度，但仍舊是不小的工程。

■鋼鐵粗細與結合部位的長度

竹節鋼筋

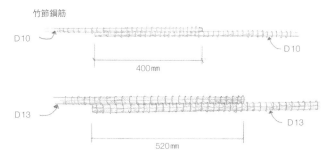

■貫穿孔的補強

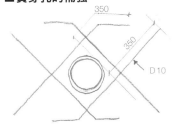

配管等貫穿基礎的孔，如果直徑在60mm以上，必須追加補強用的鋼筋。如圖所示用鋼筋來強化周圍的結構。

■並排時也要注意結合部位的位置

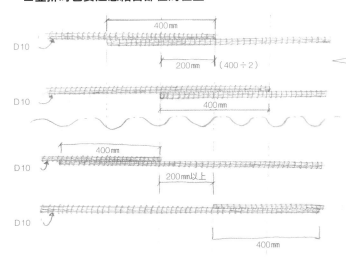

> 如果不遵守這些規定結構強度將會不足必須多加注意
>
> 重點

跟墨線的位置相符，則無法得到必要的覆蓋厚度。覆蓋厚度如果沒有達到表格所規定的數字，容易縮短鋼筋混凝土結構的壽命，必須確實的施工才行。

❺配管等貫穿孔的周圍，要進行補強。

❻組裝好之後，要將整體綁緊。我把分隔物裝在910mm的間隔以內。

把版（Slab）鋼筋排好的狀態，將外圍的鋼筋綁起來之前，先將主鋼筋也排上去。如果事後再來插入，作業會變得比較困難。

●鋼筋扎鉤（Hooker）／用鐵絲（剛線）把鋼筋綁在一起的時候所使用的道具。　●混凝土版（Slab）／為了支持荷重（負荷），以鋼鐵混凝土打造的板狀結構。　●竹節鋼筋／表面有凹凸存在的棒狀鋼鐵。　●分隔物（Spacer）／在灌混凝土的時候，用來避免鋼筋移位、確保必要之覆蓋厚度的分隔物。　●覆蓋厚度／鋼筋到混凝土表面的最短距離。　●主鋼筋／在鋼筋混凝土的結構之中，為了承受彎曲應力而配置的鋼筋。　●版（Slab）鋼筋／在混凝土版內形成網狀結構的鋼筋。

> 不是一部分一部分的完成而是採用整體漸漸完成的手法這樣比較有效率
>
> 重點

實際動工之前

第1個月

第2個月

第3個月

第4個月

第5個月

第6個月

17 │ 模板工程

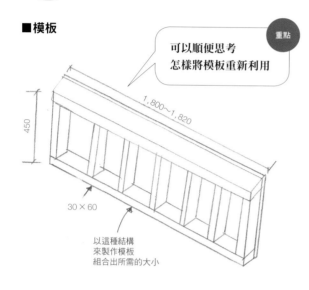

必要的
工具跟
材料

□衝擊起子　□水平尺　□鐵鎚　□小螺絲　□釘子（45mm）
□膠合板（12mm厚）　□木材（30×60mm、60×60mm、30×30mm）
□木樁（45×45mm左右）　□墨斗　□雷射水準儀　□電鑽

**將模板連在一起
的時候，必須是
「頂部高度相同」** 重點

■模板

**可以順便思考
怎樣將模板重新利用** 重點

450

1,800～1,820

30×60

以這種結構
來製作模板
組合出所需的大小

模板用合板（膠合板即可）
灌混凝土的時候
要確實的用水淋濕

60

60

480
450

12

60×60的
支撐材

基礎頂部

可以釘上
顯示高度
的棧木條

基礎頂部

基礎

450

30

50

墊底的混凝土

**要是墊底的混凝土不是水平，
可以在棧木板下方插入木塊
調整高度** 重點

　　自己動手蓋房子的時候，模板工程會是相當辛苦的部分。一般性的水平連續性基礎、結構豎起的一般型基礎，在進行模板工程跟灌混凝土的作業時，也常常會分成兩次來完成。我家的基礎設計的比較簡單，只要製作將外圍包覆起來的模板即可，灌混凝土的作業也是一次完成。降低模板的面積，同時還可以節省成本。如果是專業的模板代工，用過的模板可以留到下一次使用，但自己蓋房子卻沒有這個優勢，因此減少模板的面積，也是降低成本的重點之一。

　　只要標示的墨線正確，作業內容純粹只是將模板裝到墨線所標示的位置。但是在灌入混凝土的時候，模板會因位混凝土的壓力而膨脹，必須將模板固定到「真的有必要這麼誇張嗎」的地步。模板要是破損，工程也勢必跟著中斷，必須製作的非常紮實才行。我所使用的模板是用租來的，在此說明自己動

手的製作方式。

❶製作模板的面板。切出12mm厚的膠合板跟棧木板，用釘子或螺絲固定，製作出左圖這種尺寸的面板。

❷在墊底的混凝土所標上的模板用的墨線，裝上105×30mm的棧木板。讓棧木板跟混凝土重疊，用震動電鑽開孔，以75mm的小螺絲固定在混凝土上。

❸在 的上面裝上模板用的面板。面板跟面板的結合部位，用3根左右的小螺絲固定。

❹為了防止模板膨脹，把60mm×60mm的木材裝到模板上。雖然用小螺絲固定，但如果因為自重而進行的不順利，可以將棧木板切成30mm的方塊來墊在下方。

❺為了防止模板因為混凝土的壓力而散開，要在角落裝設方杖。在1m外的位置打上木樁，讓模板跟此處緊緊的相連。裝設時的間隔不要超過900mm以上。

製作將混凝土灌入基礎時，所會用到的模板。
混凝土是高比重的液體，模板如果不夠堅固，
形狀將會扭曲，要多加注意才行。

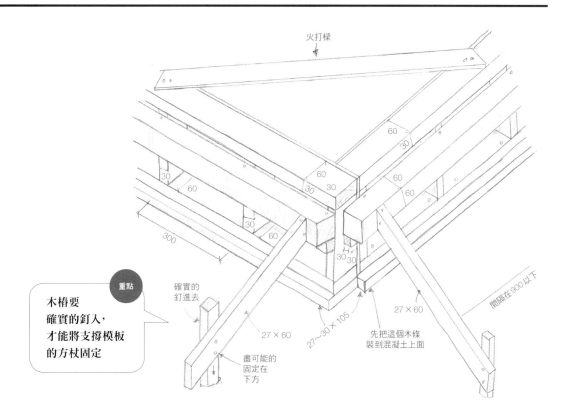

火打樑

60
30

60
30

60
30
30

60
30

300
30
60

H
30
30

間隔在900以下

重點

木椿要
確實的釘入，
才能將支撐模板
的方杖固定

確實的
釘進去

盡可能的
固定在
下方

27 × 60

27 × 60

先把這個木條
裝到混凝土上面

27～30 × 105

27 × 60

❻為了不讓模板歪掉，在模板的頂端裝上火
打樑。另外，將模板互相連在一起的時候，
要像左頁的右圖這樣，以「頂部高度相同」
的方式釘在一起。

❼在此對各種尺寸進行最後的檢查。對角
線、模板是否穩固、廁所排水管的位置等是
否正確？若是灌上混凝土之後才發現問題，
一切都已經太晚，因此花比較多的時間也沒
關係，要確實的進行檢查。

❽用雷射水平尺，在模板標上代表基礎頂端
的墨線。並在中央大約4個部位，插上代表
基礎頂端高度的木椿或鋼筋。灌入混凝土、
確定高度之後拔掉。

❾在❽所標示的墨線裝上約12mm×12mm的
棧木條。灌上混凝土之後會看不到墨線，必
須以此來當作標示。

確認、確認、再確認

畠山悟的
經驗談

　最後確認尺寸的時候，發現有歪
掉的部分。以「好險好險」的心情
檢查到底是哪裡讓尺寸出現誤差。
看來似乎是模板沒有垂直的站立，
以強硬的方式修正並重新固定。如
果覺得麻煩沒有一再進行確認，到
頭來也只是苦了自己。一次又一次
的確認，要確認到幾乎是偏執的地
步。

●棧木板（棧木條）／建築所使用的木板、木條。　●方杖／在柱子
與橫架的建材之間，以傾斜的角度來裝上的建材。　●火打樑／為
了防止扭曲，在直角結合之建材之間，以斜角跨越兩者的水平強化
材。　●頂端／一個結構最高的部分。

實際動工之前

第1個月

第2個月

第3個月

第4個月

第5個月

第6個月

18 | 裝設固定螺栓

> **必要的工具跟材料**
> □水線　□捆綁用鐵絲　□固定螺栓M12 長400mm（如果需要Hole-Down金屬則使用M16 長600mm）
> □接著劑型固定螺栓（化學式固定螺栓）

■固定螺栓裝設位置的計劃圖

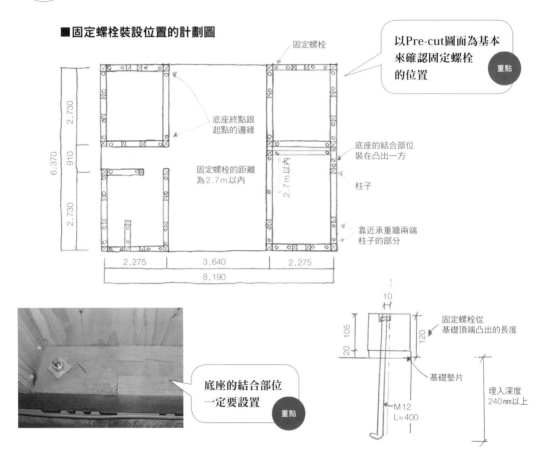

以Pre-cut圖面為基本來確認固定螺栓的位置　**重點**

固定螺栓

底座終點跟起點的邊緣

固定螺栓的距離為2.7m以內

底座的結合部位裝在凸出一方

柱子

靠近承重牆兩端柱子的部分

6,370　2,730　910　2,730

2,275　3,640　2,275

8,190

2.7m以內

底座的結合部位一定要設置　**重點**

10　105　20　120

固定螺栓從基礎頂端凸出的長度

基礎墊片

埋入深度240mm以上

M 12　L＝400

　　為了將木造建築的底座固定到基礎上面，我們得將固定螺栓這種金屬零件，埋到基礎的混凝土內。在將混凝土灌入基礎之前，先把固定螺栓綁到鋼筋上面。

❶按照固定螺栓裝設位置計劃圖，來將固定螺栓綁上。

❷用水線來找出位置，裝在距離柱子中心200mm以內（150mm左右剛剛好）的位置上。埋在混凝土內的長度必須為240mm以上。

　　考慮底座的高度來決定位置，以捆綁用的鐵絲來綁到主鋼筋上。雖然給人不穩定的感覺，卻是我必須妥協的部分。市面上有販賣專門連結固定螺栓與鋼筋的金屬零件，但為了降低成本我並沒有採用。

❸固定螺栓裝設位置的重點，基本上如下。

○承重牆兩端的柱子附近

○底座的結合部位，只有凸出一方也行。

○底座的終點跟起點的邊緣

○固定螺栓與固定螺栓之間的間隔為2700mm以內

❹如果沒有根太，直接在大引鋪設24mm以上的合板，或是直接將底座當成地板表面來加工的話，則必須在底座採用座彫（往內挖）

為了將住宅結構固定在混凝土的基礎上，
灌混凝土之前，要先將固定用的金屬零件，也就是固定螺栓綁在鋼筋上面。

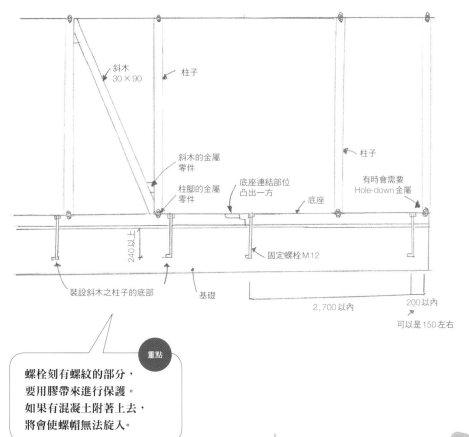

斜木
30×90

柱子

斜木的金屬
零件

柱腳的金屬
零件

底座連結部位
凸出一方

底座

柱子

有時會需要
Hole-down 金屬

240 以上

固定螺栓 M 12

裝設斜木之柱子的底部

基礎

2,700 以內

200 以內

可以是 150 左右

重點

螺栓刻有螺紋的部分，
要用膠帶來進行保護。
如果有混凝土附著上去，
將會使螺帽無法旋入。

的結構，而固定螺栓埋在混凝土內的長度也
必須調整。

❺如果忘了將固定螺栓綁在鋼筋上，可以使
用接著劑型的固定螺栓。用電鑽在混凝土表
面開孔，灌入接著劑之後將固定螺栓插入，
藉此將底座固定在基礎上。

●承重牆（耐力牆）／建築物之中，對於地震跟風壓等水平荷
重（來自橫向的負荷）具有抵抗能力的牆壁。 ●根太／為了鋪設
地板的底層結構，傳統的軸組結構法之中，會垂直的鋪在大引上
面。 ●大引／木造建築1樓地板的骨架，用來支撐根太。 ●座彫
／設置螺栓的時候，為了不去干涉到跟表面相接的其他零件，往下
挖深讓螺栓跟螺帽不會凸出到表面上。

可別小看固定螺栓

島山悟的
經驗談

　固定螺栓的數量，比預期的還要多出
很多。我家總共是55處加上底座連結
部位的1處（後者採用接著劑型的固定
螺栓來施工）。在一開始覺得「這種小
事，兩三下就解決」，想不到沒有這麼
簡單，結果花上一整天才做完。

　就算用鐵絲綁緊，感覺也非常不穩
定，讓焦躁的心情不斷攀升，不時自言
自語有如焦慮症一般。心中想著要是真
的崩塌，灌混凝土的時候再來調整。但
如果總是說「之後再來」，一定得付出
可怕的代價，這點讓我非常的擔心。

實際動工之前

第1個月

第2個月

第3個月

第4個月

第5個月

第6個月

19 | 灌入混凝土

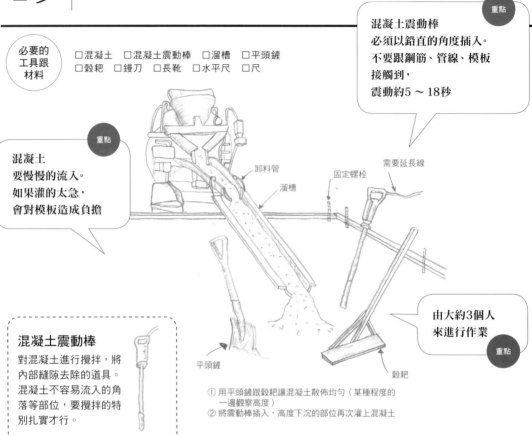

必要的工具跟材料
□混凝土　□混凝土震動棒　□溜槽　□平頭鏟
□榖耙　□鏝刀　□長靴　□水平尺　□尺

重點
混凝土震動棒
必須以鉛直的角度插入。
不要跟鋼筋、管線、模板
接觸到，
震動約5～18秒

重點
混凝土
要慢慢的流入。
如果灌的太急，
會對模板造成負擔

卸料管
固定螺栓
溜槽
需要延長線

重點
由大約3個人
來進行作業

混凝土震動棒
對混凝土進行攪拌，將內部縫隙去除的道具。混凝土不容易流入的角落等部位，要攪拌的特別扎實才行。

平頭鏟
榖耙

① 用平頭鏟跟榖耙讓混凝土散佈均勻（某種程度的一邊觀察高度）
② 將震動棒插入，高度下沉的部位再次灌上混凝土

灌入混凝土

將混凝土灌到模板內的作業。我家的基礎較為單純，只要將混凝土倒進去就可以。也不需要混凝土泵浦車。混凝土的設計基準強度為21N／㎜²（強度補正＋3N／㎜²＝24N／㎜²、氣溫如果是8～16℃則是27 N／㎜²）、Slump 150㎜、骨材20～25㎜。在訂購預拌混凝土的時候，只要說「壓縮強度24或27 - 15 - 20（25）」就可以。

混凝土雖然也可以自己攪拌，但強度會變得不穩定，最好還是不要嘗試。基礎這種需要大量混凝土的工程，直接購買預拌混凝土才是上策。

跟混凝土接觸的模板，要用水弄濕。只要濕潤就可以。

❶讓預拌混凝土車盡可能的靠進模板，來將混凝土流入。

❷用平頭鏟跟榖耙讓流入的混凝土散佈均勻。

❸在已經灌入混凝土的部分，以60㎝左右的間隔將震動棒插入，提高混凝土的密度。

❹用溜槽讓混凝土流到基礎的中央附近。要是沒有溜槽，則以人力來倒入。

❺均勻到某種程度之後，用尺跟水平尺進行確認，來更進一步的接近水平。

❻用鏝刀抹平一次。

在作業的過程之中，固定螺栓常常會歪掉，要進行補正讓它們保持垂直。同時也要注意固定螺栓的高度是否變低，隨時進行調整。位在外圍附近的固定螺栓，等到混凝土灌好之後還可以調整，但位在內側的螺栓必須在灌混凝土的同時調整到好。調整作業會隨著時間越來越困難，要盡早確認才行。

將混凝土灌到模板內的作業。請預拌混凝土車將混凝土灌入，並將表面推平。需要比較多的人手。

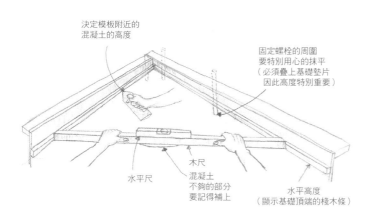

決定模板附近的
混凝土的高度

固定螺栓的周圍
要特別用心的抹平
（必須疊上基礎墊片
因此高度特別重要）

水平尺

木尺
混凝土
不夠的部分
要記得補上

水平高度
（顯示基礎頂端的棧木條）

混凝土剛灌好的樣子。表面浮現
的水，會隨著時間消退。

將模板拆下的樣子。右下白色圓
圈是縫隙，我判斷是可以容忍的
程度。

❼以1～3小時為間隔，用鏝刀推平4次左右。要是無法修到整齊，則推個5～6次。這天從一大早到晚上，都在進行將混凝土推平的作業。

❽固定螺栓的周圍，要修得特別整齊。另外要再次確認固定螺栓的角度跟插在混凝土內的長度。

將模板拆除

將混凝土放置3天。這段時間可以用來購買材料，或是閱讀相關資料。3天之後，準備將模板拆除，讓人擔心混凝土是否有灌得扎實。不過就算到處都有縫隙，也已經無法再來一次。灌混凝土的作業是一次分勝負。些許的縫隙可以用砂漿填補。但如果縫隙較大，則需要別的對策。

顛顛驚驚的將模板移開，結果並沒有太大的縫隙存在。確認整體的狀況，修補結束之後將土埋回去。要埋到混凝土凸出地基面（GL）300mm的高度。

開始蓋房子，轉眼間就過了1個月。

●混凝土泵浦車／將混凝土加壓再送到遠處的車輛。 ●強度補正／用來確認混凝土強度的檢體，與現場所使用之混凝土的強度，對兩者之間的落差進行修正。 ●Slump／Slump Test的結果，顯示預拌混凝土之流動性的數據。

模板一定要牢固

畠山悟的
經驗談

灌混凝土的那天，讓人非常的緊張。訂購10㎥的混凝土，跟朋友以及灰泥代工店的人，3個人一起展開作業。就在混凝土灌了3分之1的時候。

「啊，模板鬆開了！」聽到朋友這樣大喊。

「真的假的」

跑過去一看，模板不但鬆開，而且還開的很大。狀況不妙。

趕快讓混凝土停下來，將模板推回去。但混凝土的壓力太大，模板動都不動。因為推不回去，只好蹲在混凝土上面，用手將混凝土挖出來。最後勉強推回原來的位置，補強之後再次開始作業。

但其中的損失卻讓預拌混凝土的份量不足，必須進行追加。為了節約，當初只訂了勉強足夠的份量。最後一輛預拌混凝土車抵達，將混凝土倒入之後「怎麼啦，量不夠哦」

結果是有夠悽慘。只好將不會影響強度的部分減少。

實際動工之前

第1個月

第2個月

第3個月

第4個月

第5個月

第6個月

20 | 室外排水管工程

必要的
工具跟
材料

□鏟子　□水平尺　□尺　□PVC專用鋸　□接著劑
□砂輪機　□陸砂　□各種PVC管

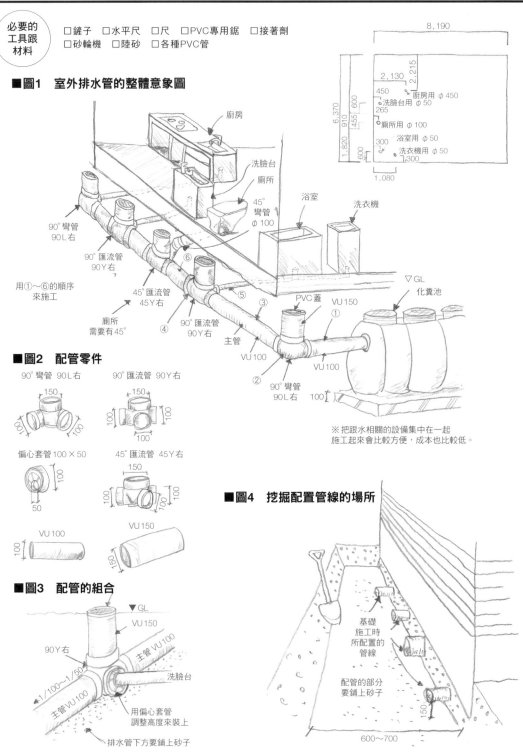

■圖1　室外排水管的整體意象圖

廚房

洗臉台
廁所

45°彎管
φ100

浴室

洗衣機

90°彎管
90L右

90°匯流管
90Y右

用①～⑥的順序
來施工

45°匯流管
45Y右

廁所
需要有45°

90°匯流管
90Y右

主管
VU100

PVC蓋

VU150

①

②

90°彎管
90L右

VU100

100

▽GL

化糞池

8,190

6,370

2,130

2,215

450

廚房用 φ450

洗臉台用 φ50

廁所用 φ100

浴室用 φ50

洗衣機用 φ50

1,820　910　455/600　600

265

300

300

1,080

※把跟水相關的設備集中在一起
施工起來會比較方便，成本也比較低。

■圖2　配管零件

90°彎管 90L右
150
100　100

90°匯流管 90Y右
150
100　100
100

偏心套管 100×50
100
50

45°匯流管 45Y右
150
100　100
100

VU100
100

VU150
150

■圖4　挖掘配置管線的場所

基礎
施工時
所配置的
管線

配管的部分
要鋪上砂子

150

600～700

■圖3　配管的組合

▼GL
VU150

90Y右

主管 VU100

1/100～1/50

主管 VU100

洗臉台

用偏心套管
調整高度來裝上

排水管下方要鋪上砂子

※在裝設PVC管的時候，要確實磨出倒角，並塗上接著劑來施工

這份工程，是讓排水流到化糞池的管線之中的，位在室外的部分。
一邊配置管線，一邊確認是否有用傾斜的角度連到化糞池。

■圖5　暫時將排水井擺上

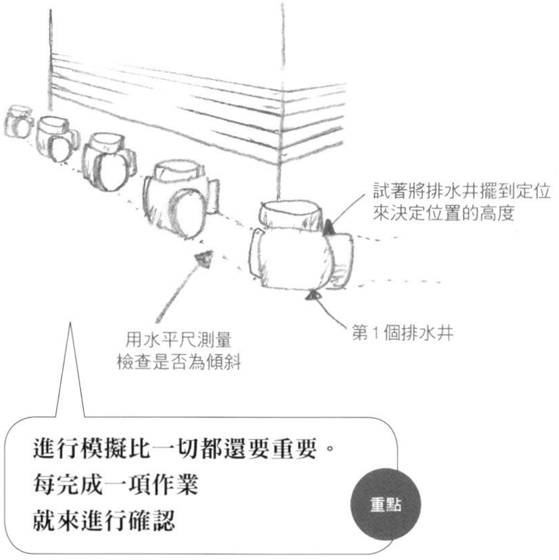

試著將排水井擺到定位
來決定位置的高度

第1個排水井

用水平尺測量
檢查是否為傾斜

進行模擬比一切都還要重要。
每完成一項作業
就來進行確認
重點

■圖6　每連接一次就要鋸斷

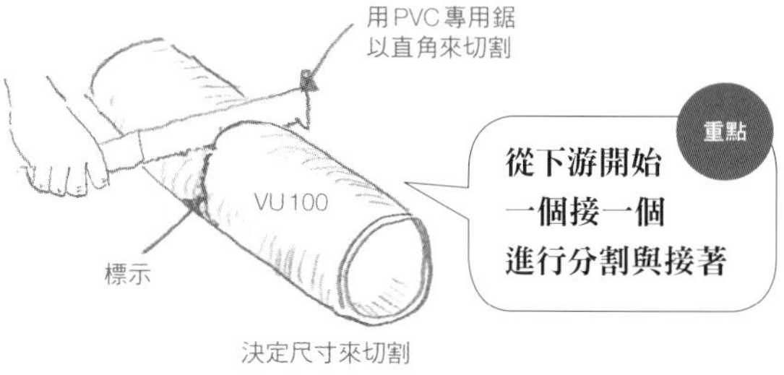

用PVC專用鋸
以直角來切割

重點

從下游開始
一個接一個
進行分割與接著

VU 100

標示

決定尺寸來切割

■圖7　連接時的注意點

標示插入
的長度

≒50

用磨砂機或專用的工具
製作7mm左右的倒角
※管線必須乾燥、清潔

插入之後
要按住1分鐘
以免結合部位脫落

①

②

將接著劑
均勻的塗在兩側

如果讓內側沾到接著劑
會成為水管阻塞的原因
要用布來擦拭乾淨
重點

施工前暫時性的畫上標示

用水平尺調整到水平

※暫時套上就好，不要勉強插入

標示線畫長一點

VU 100

90L右

※每完成一項作業
就檢查傾斜的角度

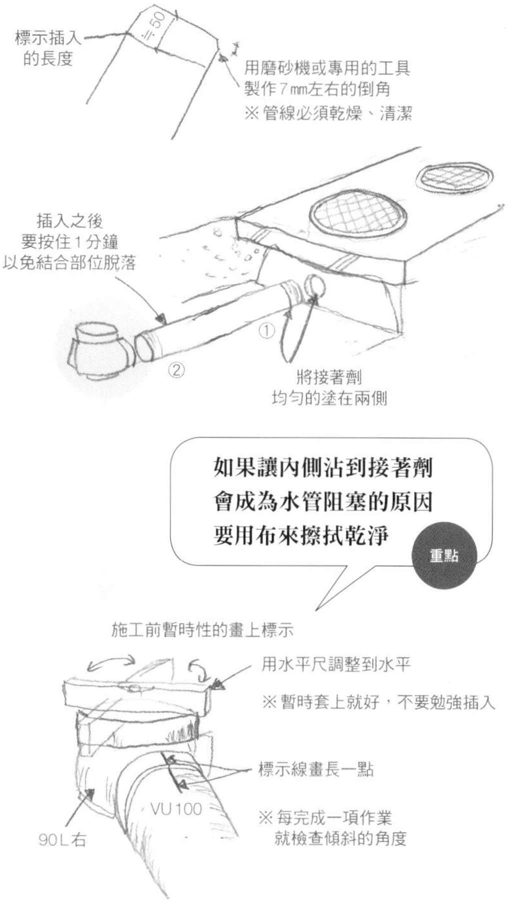

　　讓廁所跟廚房的排水流到化糞池內的管線，位在室外的部分。因為是埋在地下的部分，構造比較不容易讓人理解，但就如同圖1所顯示的，其實並不複雜。配管的作業，也只是將各種管線的零件組合起來而已。必須注意的一點，如果有沒用傾斜的角度來連接到化糞池，污水將無法流動。這點一定要落實。
❶打造基礎的時候所配置的管線下端，在此往下挖深約150mm。寬度則是600～700mm。然後持續往下挖，一直到足以跟化糞池相連。在配管的下方撒上陸砂（圖4）。

❷在裝設排水井的場所，暫時性的將各種管線排上去。進行模擬來確認排水是否可以順利流動，是不可缺少的重要步驟。整體排水用的斜度，要調整到1/100～1/50（圖5）。
❸從位在下游的化糞池的入口開始，將管線連接上去。主要的管線會使用VU φ 100的PVC管。測量尺寸，用PVC專用鋸以直角來分割（圖6）。用磨砂機把切口磨成倒角，並將污垢擦拭乾淨。
❹把接著劑塗在化糞池的入口跟磨成倒角的管線切口，套上之後按住1分鐘左右（圖7）。

實際動工之前

第1個月

第2個月

第3個月

第4個月

第5個月

第6個月

■圖8　上升部位的施工

PVC 蓋

VU 150

高度為≒GL線

■圖10　將土埋回去

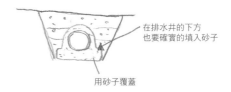

在排水井的下方
也要確實地填入砂子

用砂子覆蓋

※注意不要在排水管下方鋪太多砂子
可能會讓水管往上浮起。
要經常用水平尺來檢查傾斜的角度

■圖9　廁所排水管的連接方式

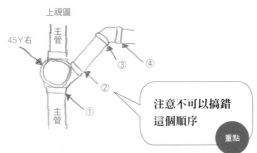

上視圖

45Y右

主管

③　④

②

①

主管

注意不可以搞錯
這個順序

重點

※全部完成之後，讓水流過一次來進行確認

廁所的45°合流　裝上45Y右的時候要注意順序

❺把水平尺擺到排水井的部分來確認水平。在塗上接著劑之前，先套上去來進行標示，確定之後再來用接著劑結合（圖7）。

❻按照這個要領，從下游到上游，將管線的各個零件組裝起來。往上連接的時候，會使用VU φ 150（圖8）。

❼配管作業全都結束之後，先讓水流過一次，確認是否可以流動。此時可以將衛生紙塞到水中來進行測試。

❽將土埋回去的時候，要先用陸砂將管線覆蓋。管線下方也要鋪上砂子，但要注意不可以讓管線往上浮起，影響到傾斜的角度。

❾將土埋回去到某種程度時，再次讓水流過來進行最後的確認。真的沒有問題，再將所有的土都埋回去（圖10）。

擔心排泄物
是否有辦法流動

畠山悟的
經驗談

　在施工的時候，自己認為排水所需要的傾斜角度已經非常充份。但實際上往下挖掘，才發現幾乎沒有傾斜，只能讓彈珠勉強的滾動。讓人擔心「排泄物真的有辦法流動嗎？」。到了這個地步，化糞池的位置跟埋在基礎內的管線，都已經無法再去調整。

　當時我甚至做好最壞的打算，決心「頂多是不在家中上大號」。但自己就算了，怎麼可能對來訪的客人說「只能小號不能大號」。

　只要再傾斜一點點就好，就差那麼一點點。不論吃飯還是睡覺，腦中都只想著這件事情。懷疑有可能是水平尺壞掉，買個新的再量一次，斜的角度就是不夠。既然這樣，乾脆總是讓自己吃壞肚子，以免去塞住……！

　動用所有的腦細胞，一心想找出變通的方法。原本預定使用附帶存水彎的排水井，如果換成一般的集水井，似乎可以讓傾斜的角度增加一點。存水彎的數量不足，會讓味道跟蟲子進入室內，因此數量無法削減，但可以在室內各個排水孔另外加上存水彎來代替。只是要注意不可以讓單一的排水設備，連接到2個以上的存水彎，形成雙重存水彎的構造。

●附帶存水彎的排水井／附帶有存水彎，可以避免下水道的惡臭跟沼氣進入室內的排水井。　●集水井／排水管的連接部位或排水管的集合地點、排水管彎曲或改變傾斜角度的部位、用地與道路的境界附近等等，為了維持、管理排水設備而設置的排水井。

組裝建材
到室外工程

辛苦的部分只有第3個月
這是最需要忍耐的時期

實際動工之前

第1個月

第2個月

第3個月

第4個月

第5個月

第6個月

21 | 裝設底座

必要的
工具跟
材料

□墨斗 □鐵鎚 □曲尺 □基礎墊片 □套管 □沉頭螺栓 □鑿子 □電鑽
□木鑽 φ15 □大鎚 □皮革 □棘輪板手

■圖1　基礎跟固定螺栓、基礎墊片的關係

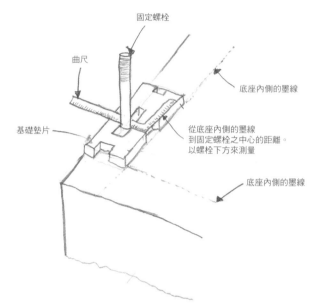

固定螺栓

曲尺

基礎墊片

底座內側的墨線

從底座內側的墨線
到固定螺栓之中心的距離。
以螺栓下方來測量

底座內側的墨線

設置底座

> **重點**
>
> 要謹慎的進行確認
> 一次又一次進行修正

底座的墨線

為了將底座裝到基礎上，要先在底座的位置標上墨線。

❶首先用墨線來標出底座的內側。基礎有可能不是直角，進行的時候要一樣一樣的確認。

我家是用廁所的配管來當作確認尺寸的基準。這裡要是出錯的話，管線將無法接到房間（廁所）中央，馬桶也擺不上去。

❷發現基礎有歪斜的部分存在。或許是因為模板被擠開的關係，寬度多了10mm左右。乾脆讓左右各多出5mm，當作許可範圍內的誤差。

裝設底座

Pre-cut工廠將結構用的建材送來了。從加工過的木材之中，找出底座的部分。Pre-cut工廠同時也會送上圖面，以此來對照印在木材上的編號。

我家的底座，使用的是經過防腐處理的美國鐵杉。顏色看起來雖然不好看，但是都已送來了，也就不要抱怨太多。

雖然在動手之前就已經覺得，應該不像組合模型玩具那樣單純，結果還真的是比想像中要來得困難。

把底座裝到基礎上。標好墨線之後，一邊進行組裝，一邊對Pre-cut的結構材跟固定螺栓的每一個位置進行確認，。

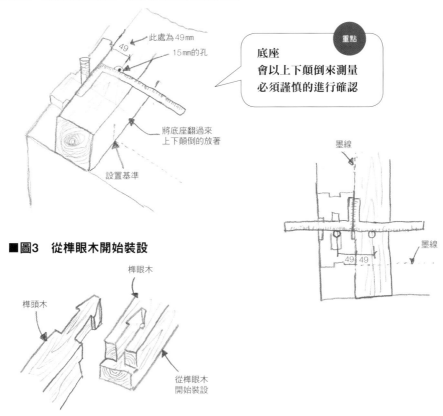

■圖2　將底座翻過來，找出固定螺栓的位置

此處為49mm

49

15mm的孔

將底座翻過來
上下顛倒的放著

設置基準

重點

底座
會以上下顛倒來測量
必須謹慎的進行確認

墨線

墨線

49　49

■圖3　從榫眼木開始裝設

榫眼木

榫頭木

從榫眼木
開始裝設

　在底座鑽出固定螺栓用的孔，這項作業比想像中的還要麻煩。

❶首先要修正基礎的固定螺栓扭曲的部分。修正的時候會忍不住對螺栓敲敲打打，但敲打螺栓，會讓螺紋受損，螺帽也會跟著鎖不上去。請讓心情穩定下來，套上螺帽來輕輕的敲打就好。

❷在底座放上基礎墊片（為確保基礎的透氣性而夾上的填充物）。基礎墊片另外還會擺在以下的部位（圖1）。

○柱子下方
○裝設固定螺栓的位置
○底座結合部位的下方

○底座跟大引相連的部位
這些要以1m以內的間隔來配置。

❸將底座翻過來，找出固定螺栓的位置，用15mm的錐子開孔。將底座放回原來的位置，把固定螺栓插入。

　必須注意的一點，是翻過來的底座處於上下顛倒的狀態，孔的位置有可能會搞錯，就算特別小心，還是有可能會搞混。將孔的位置修正，多少會讓孔的尺寸變大。另外，孔必需要是筆直，作業的時候要仔細的確認（圖2）。

❹底層的零件，分成凸出來的榫頭木，跟凹進去的榫眼木。面對這種狀況時，一定要先

實際動工之前

第1個月

第2個月

第3個月

第4個月

第5個月

第6個月

■圖4 裝設大引

重點

不要忘了確認
基礎墊片的位置

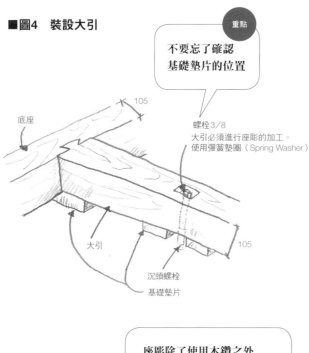

底座

105

螺栓3/8
大引必須進行座彫的加工。
使用彈簧墊圈（Spring Washer）

大引

105

沉頭螺栓

基礎墊片

座彫除了使用木鑽之外
還可以跟衝擊起子的錐子等
其他工具一起併用，
作業起來更加迅速

重點

把沉頭螺栓裝到大引
的時候，要採用座彫
的結構，以免螺栓凸
出到底座的表面上。

■圖5 裝設沉頭螺栓

用電鑽來開孔

清潔孔內

鐵鎚
專用的套管

用專用的套管來將螺栓打入

螺栓要確實的轉緊

裝上榫眼木才行（圖3）。進行作業的時候要注意不可以搞混。

❺將榫眼木的底座跟榫頭木的底座組合在一起之後，接著要擺上大引。固定時必須使用沉頭螺栓，請參考圖5（圖4、5）。

　我家的基礎擁有平坦的構造，裝設底座的作業應該也比一般要來的輕鬆。

●基礎墊片／為了確保基礎的換氣性，夾在基礎跟底座之間的硬質橡膠的墊片。　●座彫／設置螺栓的時候，為了不去干涉到跟表面相接的其他零件，往下挖讓螺栓跟螺帽不會凸出到表面上。

忘了裝上
固定螺栓

畠山悟的
經驗談

　果然還是發生了，忘了裝上固定螺栓。或著該說，在灌混凝土的時候被埋住也說不定。沒有辦法，只好用接著劑型的固定螺栓M16來進行修補。硬化需要一些時間，讓作業停頓下來。

工程進行起來
可不會順利

木材是天然材料，翻起、膨脹等變形並不罕見。因此底座的墨線就算正確，裝設起來也不一定會順利。不要誤以為是Pre-cut的尺寸出錯。這種小小的歪曲，可能造成整體嚴重的誤差。直到將最後一塊底座插上去的時候，就會出現不小的誤差而插不進去。

為了避免這種狀況發生，必須檢查木材是否變形，對整體進行調整。裝上去拆下來、裝上去再拆下來，反覆的進行模擬，一直到合得起來為止。

我家的基礎，精準度並不好，另外還發生模板爆開的事件，讓平面高度不如預期。裝上底座之後再來調整平面高度，要花很多的時間。甚至得在基礎墊片下方插入調整用的材料，來調整到水平。當時沒有將底座全部拆下，而是直接在基礎上進行調整，結果進行得非常辛苦。現在回想起來，擺上基礎墊片的時候先測量水平，或許會比較輕鬆也說不定。

這個讓人鬱悶的作業一直持續到深夜，讓伙伴相當不高興。明天要開始組裝建材。

實際動工之前

第1個月

第2個月

第3個月

第4個月

第5個月

第6個月

22 | 組裝建材

必要的
工具跟
材料

□大鎚　□衝擊起子・21mm插口　□雷射水準儀（要能測量水平、垂直、角度）　□鑿子　□鐵鎚□活
動板手　□棘輪板手　□水平尺　□摺梯　□瀝青屋面材　□釘槍　□木材

■圖1　組裝建材的整體圖

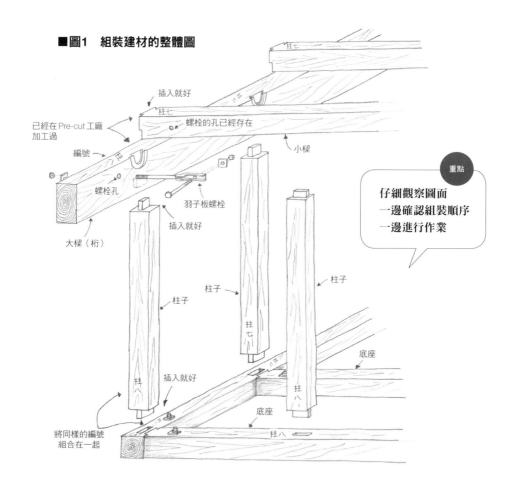

插入就好

柱七

螺栓的孔已經存在

已經在 Pre-cut 工廠
加工過

編號

小樑

柱七

螺栓孔

羽子板螺栓

插入就好

大樑（桁）

重點

仔細觀察圖面
一邊確認組裝順序
一邊進行作業

柱子

柱子

柱七

柱子

底座

柱八

插入就好

底座

柱八

將同樣的編號
組合在一起

柱八

組裝建材

　　進行立體性的組裝，呈現出一個家的骨架。一般會認為這是一項高難度的作業，但只要木材的 Pre-cut 工程順利，執行起來並不困難。靠著簡單的作業就能一樣接一樣完成，讓心情也跟著往正面邁進。

　　這項工程的基本，是將事先決定好的木材，裝到事先決定好的位置。柱子跟樑都有

印上編號，必須對照 Pre-cut 工廠的圖面來進行作業。1個人進行會相當辛苦，如果能有2～3個人幫忙，可以大幅提升作業效率。請盡量找人來幫忙。

　　為了降低成本，我家設計成不必用到吊卡車就能完成。將屋頂高度壓到最低，樑柱等各種結構，都可以透過人力來完成。實現所謂的低成本住宅。

❶把柱子立起來。把柱子插到底座的榫孔。

將柱子、樑、棟木立起，讓住宅的骨架（框體）成形。
當這項作業順利完成，要把屋頂架上去的時候，得進行祈求新家安全的「上樑儀式」。
沒有經驗又不習慣，到頭來才發現忘了舉行上樑儀式。

■圖2　組裝柱子

掛矢
（大型的木槌）

不可直接敲打
會讓凸榫損壞

墊上木條
（比凸榫大一些）

敲打木條的部分

重點

如果沒有使用
起重機
則必須依靠摺梯
注意不要摔傷

■圖3　讓柱子垂直

用斜木撐住來進行固定。

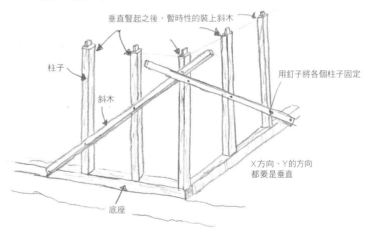

垂直豎起之後，暫時性的裝上斜木

柱子

斜木

用釘子將各個柱子固定

X方向、Y的方向
都要是垂直

底座

印在木材上的編號，包含方向在內，都要跟圖面完全相同。我家是以面向南邊為基準來確認編號。如果插不進去，可以站到摺梯上面，用「掛矢」（大型的木鎚）來敲入。為了避免柱子的榫孔被敲壞，敲的時候可以墊上木條（圖2）。

❷檢查柱子的垂直。如果垂直，暫時用斜木來進行固定。當時我在架上樑之前，暫時性的釘上斜木，把柱子固定在垂直的角度（圖3）。

❸一邊把樑架上，一邊裝上羽子板螺栓。柱子豎起、把樑架上去的時候，也要同時裝上羽子板螺栓。羽子板螺栓會畫在 Pre-cut 圖面上，作業的時候以此來進行對照，以免位置出錯。在這個階段的時候，羽子板螺栓先不要鎖得太緊（圖5）。

❹將羽子板螺栓鎖緊。柱子跟樑全部組裝好了之後，最後再將羽子板螺栓鎖緊。

實際動工之前

第1個月

第2個月

第3個月

第4個月

第5個月

第6個月

■圖4 組裝的順序

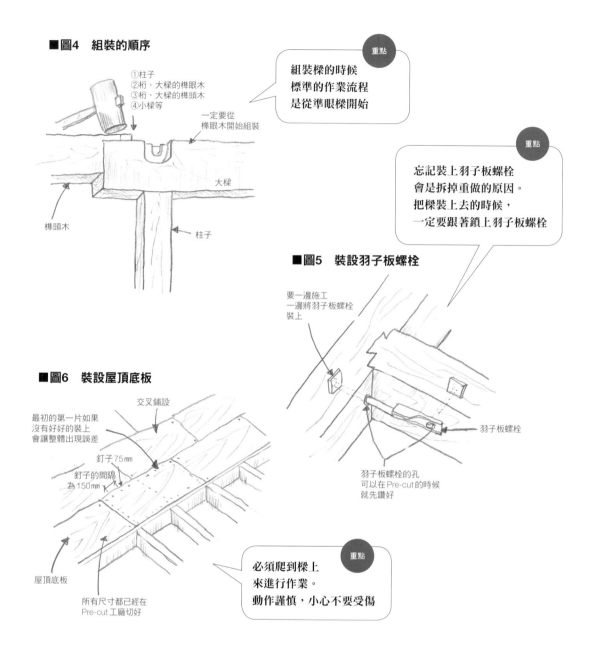

①柱子
②桁、大樑的榫眼木
③桁、大樑的榫頭木
④小樑等

一定要從榫眼木開始組裝

大樑

榫頭木

柱子

> **重點**
> 組裝樑的時候
> 標準的作業流程
> 是從準眼樑開始

> **重點**
> 忘記裝上羽子板螺栓
> 會是拆掉重做的原因。
> 把樑裝上去的時候,
> 一定要跟著鎖上羽子板螺栓

■圖5 裝設羽子板螺栓

要一邊施工
一邊將羽子板螺栓裝上

羽子板螺栓

羽子板螺栓的孔
可以在Pre-cut的時候
就先鑽好

■圖6 裝設屋頂底板

交叉鋪設

最初的第一片如果
沒有好好的裝上
會讓整體出現誤差

釘子75mm

釘子的間隔
為150mm

屋頂底板

所有尺寸都已經在
Pre-cut工廠切好

> **重點**
> 必須爬到樑上
> 來進行作業。
> 動作謹慎,小心不要受傷

❺裝設屋頂底板(圖6)。一般會在樑的上方架上小屋束(短柱)跟母屋椽木,然後進行屋頂底板的施工。這些部位一樣印有編號,可以一邊對照圖面一邊作業。第一片的位置格外的重要,如果出錯,會讓整體出現嚴重的誤差。

貼上屋面材

為了讓屋頂可以防水,要貼上名為屋面材(Roofing)的防水紙。這樣可以避免柱子跟樑架好之後,因為下雨而被淋濕,或是讓雨

水進入室內的部分。屋面材會用釘槍固定(圖7)。重疊的部分要有100mm的寬度。釘槍的間隔要小一點,以免出現破損。

就這樣子,用1個半月的時間來進行組裝,終於可以在屋頂下面吃便當。

●上樑儀式/把樑架上去的時候所舉辦的神道儀式。 ●羽子板螺栓/為了防止樑因為地震或颱風移位,而裝設的金屬零件,位在樑的兩端。 ●屋頂底板/屋頂表面的底層材料,鋪在椽木上面。

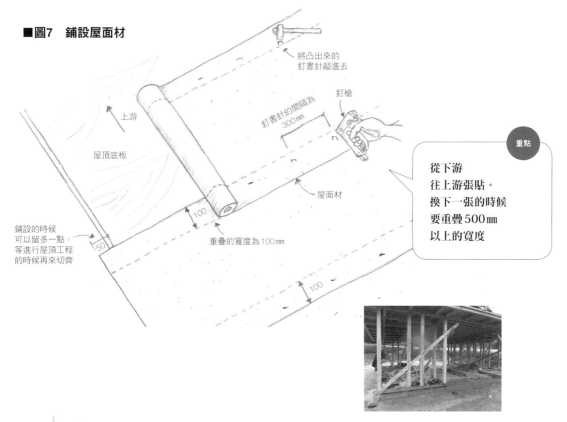

■圖7　鋪設屋面材

將凸出來的釘書針敲進去

上游

釘槍

釘書針的間隔為300mm

屋頂底板

屋面材

100

重點

從下游
往上游張貼。
換下一張的時候
要重疊500mm
以上的寬度

鋪設的時候
可以留多一點。
等進行屋頂工程
的時候再來切齊

50

重疊的寬度為100mm

100

「Fight、一發！」

畠山悟的
經驗談

「Fight！」

我大聲喊出力保美達的那句招牌標語，說實在的，希望有人可以響應一下，喊出「一發！」，但前來幫忙的兩個人卻是視若無睹。

今天要送來的建材組裝起來，好久沒有這麼緊張，心跳聲越來越大，沉睡已久的冒險之心似乎被喚醒。感覺就好像是努力完成的作業，交出去打分數一般。

包含自己在內，作業的人數總共是3個人。完全是靠人力來進行。原本應該聘請專門的木工師傅，動用吊卡車，但預算不足，只好由我們幾個外行人來親自動手。在這之前已經開過會，準備好作戰內容。光是今天一天絕對做不完。可是明天開始就只剩下自己一個人。要趁有人可以幫忙的時候，將比較重的零件組裝起來。只要完成這點，其他都有辦法可以解決。

這次準備的設備跟道具都稱不上是齊全，在我獨自的判斷與偏見之下進行作

業。柱子的部分順利完成，但重要的部分才剛要開始。把樑架上去的作業，一個人實在是做不來。長3.6m、直徑240mm，真的是非常的重。

「Fight！」

忍不住再喊一次，結果還是沒有反應。只要說服自己把精神集中在作業上。

對照圖面找出3.6m的樑，確認之後拿給另外兩人組合，並裝上羽子板螺栓。金屬零件也由我來拿給他們。這似乎是最理想的作業方式。家的造型我最熟悉，由我來找似乎最快。

作業一步一步的完成，開始組裝之後，很快就出現像樣的外觀。再加上這棟住宅的屋頂比一般要來得低，沒有必要使用高台，光靠人力就可以完成。重新認識到，Self-Build 還是平房最好。真的很慶幸可以有人來幫忙。

可是從明天開始，又只剩下自己一個人。

實際動工之前

第1個月

第2個月

第3個月

第4個月

第5個月

第6個月

23 | 屋頂工程

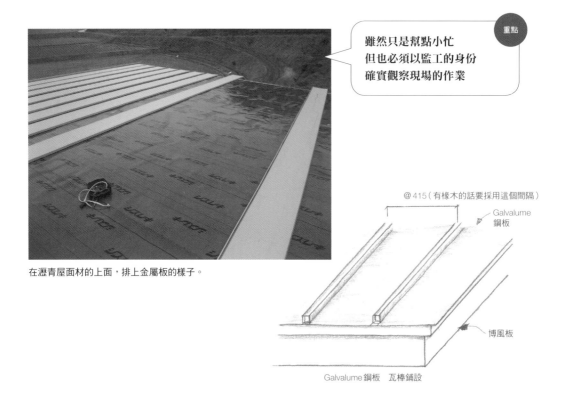

雖然只是幫點小忙
但也必須以監工的身份
確實觀察現場的作業

重點

在瀝青屋面材的上面，排上金屬板的樣子。

@415（有椽木的話要採用這個間隔）

Galvalume
鋼板

博風板

Galvalume鋼板　瓦棒鋪設

　　Self-Build大多會選擇化妝板岩（俗稱 Colonial（Kubota松下電工製造））的屋頂，但我家屋頂的傾斜是較為平坦的5/100，沒有辦法使用。平坦的屋頂，可以讓內牆跟外牆的牆壁份量減少，成本也跟著壓低。Galvalume鋼板的金屬屋頂，跟化妝板岩相比，材料費跟工程費用並沒有相差太多。結果向板金店訂購了Galvalume鋼板的屋頂，跟對方商量，選擇我也一起幫忙施工，多少降低成本的方式。

❶到板金店的作業場所幫忙，進行彎曲金屬板的作業。但實際上沒有什麼困難的，只是搬搬東西，幫忙扶著長達8m的金屬板，以免去折到。就算沒有任何專業技術，只像這樣幫點小忙，還是可以提高作業的效率。

❷在作業場所加工結束之後，移動到工程的現場來進行作業。首先將加工成8m的金屬板移到屋頂上，動作必須謹慎，以免去折到。

❸按照板金師傅的指示，將金屬板排上、彎曲、釘上釘子。

　　越是幫忙，工程費用就越低，為了這點我可是卯足了勁。讓雙手猛烈的動起來，在板金師傅的旁邊秀出「怎樣，我很努力吧」的感覺。

❹從作業場開始過了1天半的時間，幾乎所有的作業都已經完成。細部的修繕交給板金師傅負責。心中想著如果漏雨，可以將責任全都推給他們。

●化妝板岩／用水泥跟人工或天然纖維製造的平面狀的屋頂材料。
● Galvalume鋼板／美國伯利恆鋼鐵所研發的鋁、鋅合金的電鍍鋼板。

24 │ 裝上金屬零件、斜木、隔間柱

■圖1　將斜木兩端的金屬零件裝上

金屬零件要裝在柱頭跟
柱子下方

重點

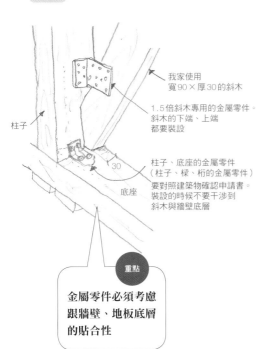

下端

我家使用
寬90×厚30的斜木

1.5倍斜木專用的金屬零件。
斜木的下端、上端
都要裝設

柱子

柱子、底座的金屬零件
（柱子、樑、桁的金屬零件）
要對照建築物確認申請書。
裝設的時候不要干涉到
斜木與牆壁底層

30

底座

重點

金屬零件必須考慮
跟牆壁、地板底層
的貼合性

上端

柱子、樑桁金屬零件　裝設的時候不要
干涉到斜木與
牆壁底層

30

斜木

1.5倍斜木專用的
金屬零件

端頭為四角形
有各種尺寸，必須注意

　　為了避免建築物因為地震或颱風而倒塌，法律規定建築的結構材必須用金屬零件緊緊的結合。參考建築確認申請的圖面，把金屬零件裝到底座跟柱子、柱子跟樑的上面。

　　必須在各個部位使用跟圖面相對應的金屬零件，以專用的小螺絲（Vis）來進行固定。小螺絲的頭是凸出的四角形，因此要另外準備對應的起子。裝設的時候，金屬零件不可以去干涉到斜木或地板的底層。

　　用底座金屬零件→柱子跟樑的金屬零件→斜木之間的金屬零件→窗框底層→隔間柱的順序來裝上。

裝設斜木

　　柱子、樑、底座的金屬零件裝好之後，要將斜木裝上。斜木的加工可以請Pre-cut工廠進行，在此決定由自己動手。乍看之下雖然相當困難，其實只要配合現場的結構，在木材畫上斜線來進行切割就好。

❶標示斜木的中心線。斜木的寬度為90mm，在45mm的位置彈上墨線（圖2）。

❷標示下端的墨線。用❶所標上的斜木中心線，對準柱子跟底座的接角，用鉛筆來畫線（圖3）。

實際動工之前

第1個月

第2個月

第3個月

第4個月

第5個月

第6個月

■圖2 在斜木的中心標出墨線

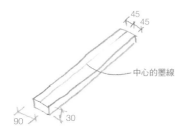

45 45
中心的墨線
90 30

■圖4 切割

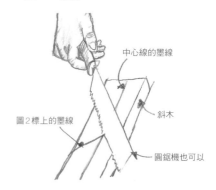

中心線的墨線
斜木
圖2標上的墨線
圓鋸機也可以

■圖3 貼到柱子跟底座來標出墨線

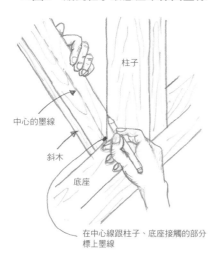

柱子
中心的墨線
斜木
底座
在中心線跟柱子、底座接觸的部分標上墨線

■圖5 敲打一下會比較好裝上

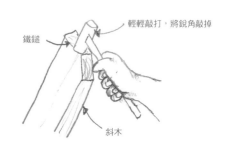

輕輕敲打，將銳角敲掉
鐵鎚
斜木

❸順著❷的線來進行切割。不論用手鋸還是圓鋸都可以（圖4）。

❹試著將切好的部分裝上去，來進行確認。

❺接著標示斜木上端的線，進行切割的作業。

❻如果是切的剛剛好，應該很不容易裝上。將斜木切口的轉角敲平或是磨掉一些，再來裝到定位（圖5）。稍微緊密一點應該會比較好。之後按照圖1來將金屬零件裝上。

裝設窗框底層材料的金屬零件

窗戶跟出入口等開口處，要裝上「門楣」跟「窗台」等橫木。我家廁所是300 mm×300 mm的小窗戶，因此用隔間柱剩下來的

木材製作。

在❶材 Pre-cut 加工的時候，已經在木材上刻有溝道，確認尺寸之後裝上，並鎖上螺絲即可（圖6）。

裝設隔間柱

重點

不可以搞錯斜木的方向

隔間柱也是一樣，測量尺寸來進行切割。這比斜木還要簡單。

❶測量尺寸來進行切割。

❷Pre-cut 加工的時候，已經在底座跟樑裝上隔間柱的部分刻劃好必要的溝道。將隔間柱插到這個部分（圖7）。

❸跟斜木重疊的部分，要把隔間柱切成斜的

■圖6　裝設窗框的底層材料

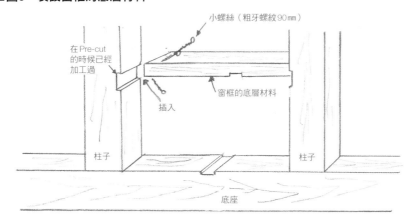

小螺絲（粗牙螺紋90mm）

在 Pre-cut 的時候已經加工過

窗框的底層材料

插入

柱子

柱子

底座

■圖7　裝設隔間柱

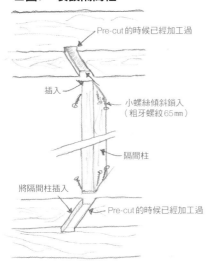

Pre-cut 的時候已經加工過

插入

小螺絲傾斜鎖入
（粗牙螺紋65mm）

隔間柱

將隔間柱插入

Pre-cut 的時候已經加工過

■圖8　如果跟斜木重疊

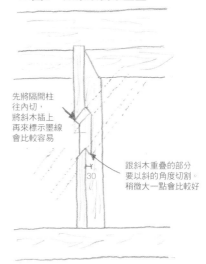

先將隔間柱
往內切，
將斜木插上
再來標示墨線
會比較容易

跟斜木重疊的部分
要以斜的角度切割。
稍微大一點會比較好

30

角度。

實際將❶所切割好的隔間柱插入，用墨線在隔間柱標出斜木的形狀，並進行切割（圖8）。斜切的部分稍微大一點會比較好。

用65mm的小螺絲，以大約隔間柱1×小螺絲6的比例來進行固定。

防腐處理

日本的建築物基準法規定，距離地基面（GL）1m以內的結構材，必須進行防腐處理。從日用品中心購買防腐劑來塗上。

從裝上底座到這個階段，花了12天的時間。跟緩慢到令人擔心的基礎工程相比，給人相當迅速的感覺。

柱子等下半的部分，要進行防腐處理。

●斜木／以傾斜的方式裝在柱子與柱子之間，用來強化建築結構的零件。　●隔間柱／裝在柱子與柱子之間的建材。　●門楣／在開口處上方，橫架在柱子之間的建材。　●窗台／在開口處下方，跟門楣成對的橫架的建材。

實際動工之前

第1個月

第2個月

第3個月

第4個月

第5個月

第6個月

25 | 期中檢查

終於完成到這個地步。

有許多朋友幫忙，真的會比較順利嗎？

「許多朋友聚集在一起，大家感情要好的一起蓋房子」這是有如夢幻一般的景象。大家一起動手想必非常快樂，作業起來一定也很有效率，讓人抱持這類的期待。我認為有許多朋友幫忙，最有幫助的部分是組裝建材。這份作業最重要的是

要有人手。內容只是將柱子、樑、金屬零件裝到定位，就算是外行人也充分的完成，由我來下達指示，可以有效率的將作業完成（自己都不動手雖然會被抱怨，但這是最有效率的方法）。

可是呢，實際上卻發生以下的事情。有幾位朋友來幫忙。既然來了，也不好意思請他們打雜，因此讓他們張貼外牆，擔任重要職務。

我在不遠之處準備下一個階段或是打雜，不到一會，聽到朋友說「你過來一下」。

現場冒出許多問題，除了解答之外還要進行示

期中檢查，是要確認完成的部分，是否跟建築確認申請的內容相符。
對於朋友來幫忙的狀況，已經漸漸習慣。

組裝樑柱，將斜木跟隔間柱的金屬零件裝好之後，必須接受期中檢查。這是由法律所規定的作業順序，會有檢查員來到現場，確認是否跟建築確認申請的圖面相同。

我所進行的作業跟建築確認申請的內容相同，對於檢查的結果是充滿自信。向確認檢查機構索取期中檢查的資料（我是從網路下載），製作基礎的照片（鋼筋的間隔、基礎高度等，被遮掩之部分的照片）跟檢查表等資料來提出。決定檢查的日期。

期中檢查的時間大約是30分鐘。檢查員會一邊對照建築確認申請的圖面，一邊進行檢查。用地與建築的關係、柱子、斜木、金屬零件的位置、基礎跟建築是否與圖面相符等等。我家規模不大，該看的部分也不多，檢查在轉眼之間結束。順利合格，費用為

28,000日幣，相當划算。

金屬零件如果沒有確實的裝好，檢查沒有通過的話，則工程無法進入下一個階段。不光是如此，如果出現跟圖面不相符的部分，則必須變更圖面的內容，讓狀況變得相當麻煩。要是變更斜木的位置，必須重新計算牆壁數量，提出變更計劃的資料。當然也需要另外的費用。

千萬不可以抱持一邊建造一邊決定就好的想法。如果要用低成本、Self-Build的方式來一口氣完成，最初開始的家的計劃要進行的非常紮實，且不可以去變更。這是外行人蓋房子要成功的秘訣。

> 重點
>
> 一切都要按照建築確認申請的內容。如果出現變更，要事先提出相關資料。

範。我心想「反正大家都是第一次嘛」，便繼續進行我的作業。但不久之後再次被叫過去。

「這個時候應該這樣」「是哦」

人數變多，這種事情會頻頻發生。結果作業本身也沒什麼進展，讓人想要大喊「你們適可而止」，但又開不了口。

也就是說，有朋友來幫忙的時候，不要請他們進行高難度的作業，交給他們簡單的工作就好。另外，當我在測量或切割材料的時候，如果有人像監督一樣的站在後面看著，反而會讓人覺得緊張，將尺寸量錯。要是被朋友笑說「你是在做什麼啊」，則會讓心情更往下沉。難得有人來幫忙，結果反而進行的不順利。

工程進入室內之後，作業上的各種細節越來越多，許多內容只有自己才清楚。要一樣一樣教別人怎麼進行，需要耗費不少精力。也不能硬是要求朋友細心的注意每個環節，結果還是由自己動手錯誤會較少，速度也比較快。

因此如果要請朋友來幫忙，人數限定在1個人左右會比較理想。

實際動工之前

第1個月

第2個月

第3個月

第4個月

第5個月

第6個月

26 | 裝上室外的窗戶外框

必要的工具跟材料
□圓鋸機　□衝擊起子
□桌上型的滑動式圓鋸機　□防水膠帶（單面、雙面）
□水平尺　□小螺絲　□外框材料　□排水板

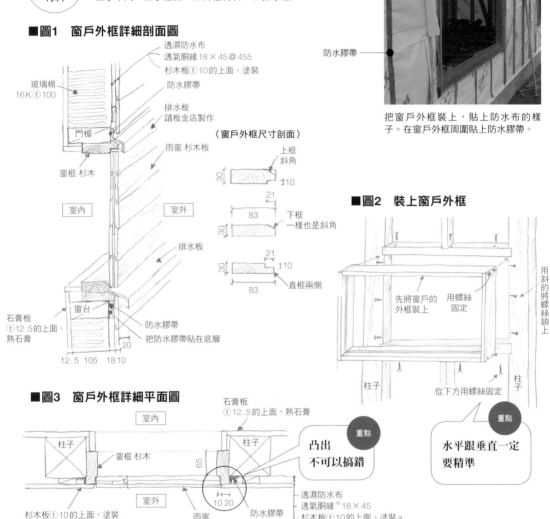

■**圖1　窗戶外框詳細剖面圖**

透濕防水布
透氣胴緣 18×45 @455
杉木板 ⓣ10的上面、塗裝
防水膠帶
排水板 請板金店製作
雨窗 杉木板
玻璃棉 16K ⓣ100
門楣
窗框 杉木
室內
室外
排水板
石膏板 ⓣ12.5的上面、熟石膏
窗台
防水膠帶
把防水膠帶貼在底層
12.5 105 18 10　20

〈窗戶外框尺寸剖面〉
上框 斜角　30　ⓣ10
21　83
下框 一樣也是斜角　30　ⓣ10
21　83
直框兩側

防水膠帶

把窗戶外框裝上，貼上防水布的樣子。在窗戶外框周圍貼上防水膠帶。

■**圖2　裝上窗戶外框**

先將窗戶的外框裝上
用螺絲固定
用斜的將螺絲鎖上
柱子
從下方用螺絲固定
柱子

■**圖3　窗戶外框詳細平面圖**

室內
柱子
窗框 杉木
室外
杉木板 ⓣ10的上面、塗裝
雨窗
石膏板 ⓣ12.5的上面、熟石膏
柱子
65
10 20
防水膠帶
透濕防水布
透氣胴緣※ 18×45
杉木板 ⓣ10的上面、塗裝a

重點 凸出 不可以搞錯

重點 水平跟垂直一定要精準

　許多住宅的窗戶，都是使用鋁製的窗戶外框。我家則是選擇自己打造的木製門窗。

　開口處的門窗外框，裝設起來難度比較高，要多下一點的功夫才能完成。雖然得面對漏雨跟精準度等風險，但只要能克服這些條件，除了降低成本之外，就造型來說也能得到不錯的感覺。

❶用水平尺來確認柱子、窗台、門楣的水平跟垂直是否正確。誤差若是在1/1,000以

內，就算是合格。

❷窗戶外框，用厚30mm的杉木板來加工。像圖1這樣，配合窗戶外框的尺寸，用圓鋸來切出溝道。

❸把❷所加工好的杉木板，按照各個窗戶的大小來進行切割，組合成窗戶的外框。

　用小螺絲來固定窗戶外框。憑我自己的技術無法製作凸榫，用平面相接（沒有凸榫，直接貼上去用螺絲固定）的方式代替。先開

我家採用木製門窗，必須裝上對應的窗戶外框。
也在此介紹一般窗戶外框的裝設方法。

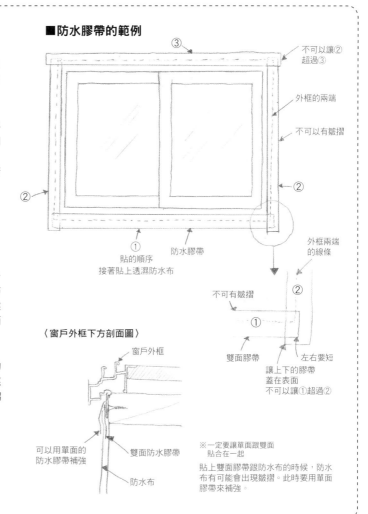

門窗外框的裝設方法

在此說明如何裝設鋁製的窗戶外框。跟業者訂購鋁製的窗戶外框，會送來組裝好的成品，用小螺絲或釘子來進行裝設。必須注意的，是記得確認水平跟垂直，不然有可能會無法開關。誤差在 1/1,000 以內，都還有辦法調整。裝設之前請詳細閱讀說明書。

門窗外框周圍的防水

❶以門窗外框的下端→兩端→上端的順序，來貼上雙面的防水膠帶。膠帶之間重疊的時候左右較短，上下較長，位在兩端的膠帶要拉長一點。
❷在這上面鋪上透濕防水布。
❸用雙面膠帶將防水布貼上的時候，注意不要有縐摺，不然有可能會漏水。如果出現縐摺，必須用單面膠帶來補強。另外也有其他的防水方式。

■防水膠帶的範例

③
不可以讓②超過③
外框的兩端
不可以有皺摺
②
②
外框兩端的線條
②
不可有皺摺
①
左右要短
讓上下的膠帶蓋在表面
不可以讓①超過②
雙面膠帶
①
貼的順序
接著貼上透濕防水布
防水膠帶

〈窗戶外框下方剖面圖〉

窗戶外框
雙面防水膠帶
可以用單面的防水膠帶補強
防水布

※一定要讓單面跟雙面貼合在一起
貼上雙面膠帶跟防水布的時候，防水布有可能會出現皺摺。此時要用單面膠帶來補強。

底孔再來鎖螺絲，可以進行的比較順利（圖2）。
❹將組合好的窗戶外框，裝到定位。只要柱子、窗台、門楣的垂直跟水平正確，裝設起來就不會有什麼問題。如果歪掉，夾上墊片等密封材來調整。
❺用螺絲將窗戶外框固定。在外框塗上氨基甲酸乙酯類的接著劑，柱子從斜角、窗台從下方、門楣從上方鎖上螺絲。不可以讓螺絲

出現在窗框表面。螺絲之間的間隔為 300 mm 左右（圖2）。
❻在面向室外的那面，貼上雙面的防水膠帶。
❼向板金店訂購排水板來裝上。跟透濕防水布連在一起來進行防水。

●凸榫／讓木材等材料結合的時候，為了插到開孔的一邊而削出的凸起。

漏水大多是發生在開口處，防水一定要徹底

重點

實際動工之前

第1個月

第2個月

第3個月

第4個月

第5個月

第6個月

27 | 裝上透濕防水布、胴緣

必要的工具跟材料

□透濕防水布　□防水膠帶（單面、雙面）　□釘槍　□鐵鎚　□三腳架
□美工刀　□桌上型的滑動式圓鋸機　□木材（18×45mm）　□釘子（45mm以上）

■圖1　透濕防水布的張貼方式

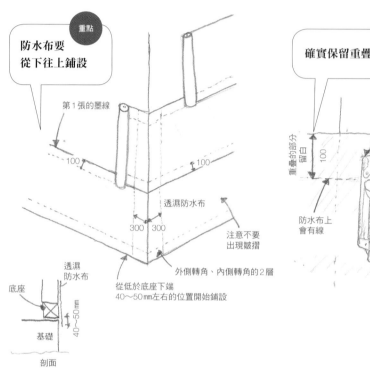

重點
防水布要從下往上鋪設

第1張的墨線

100　　100

透濕防水布

300　300

注意不要出現皺摺

外側轉角、內側轉角的2層

從低於底座下端40～50mm左右的位置開始鋪設

透濕防水布

底座

基礎

40～50mm

剖面

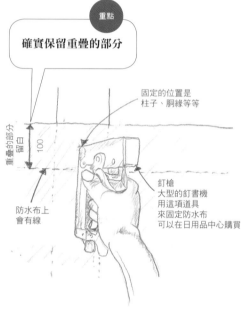

重點
確實保留重疊的部分

固定的位置是柱子、胴緣等等

重疊的部分

留白

100

防水布上會有線

釘槍
大型的釘書機
用這項道具
來固定防水布
可以在日用品中心購買

裝上防水布

在鋪設外牆之前，要先貼上透濕防水布。這是保護建築不受下雨影響的工程。

❶在住宅外圍的部分，貼上透濕防水布。透濕防水布必須以橫的方向貼上，並且從下往上鋪設。首先在低於底座下端40～50mm的部分，標示鋪設用的墨線。一邊將防水布攤開，一邊用釘槍固定在柱子或隔間柱上（圖1）。

❷在外圍繞上一圈之後，持續往上鋪設下一張，重疊的寬度為100mm。透濕防水布會在邊緣100mm的部分印上標示線，順著這條線來鋪設下一張。要是防水布在鋪到一半的時候不夠長，則必須重疊300mm以上的寬度。這份作業大多得站到摺梯上面進行，一個人會相當的辛苦。

❸在牆壁跟屋簷天花板交接的部分，貼上防水膠帶。裝上透氣胴緣的部分，一樣要貼上防水膠帶。（關於透氣胴緣請參閱下一頁）

❹窗框等開口處的周圍，要特別細心的貼上防水膠帶。防水膠帶如果有皺摺存在，會成為漏水的原因，必須多加注意。

❺在進行外牆工程之前，要先裝設冷熱水管。換氣管跟電路的

如果有皺摺或破裂一定要用防水膠帶修補

重點

在裝上外牆之前，要先鋪設透濕防水布。
細心的將防水布貼到開口處跟各種管線的周圍，再將胴緣裝上。

■圖2　裝設冷熱水管

考慮到內部設置的
狀況，裝上板子來
進行調整

固定用金屬

透濕防水布

貼上透濕防水膠帶

冷熱水管HT 13-HIVP 13
所有跟水相關的管線
都要以這樣來處理

120左右　柱子　120左右
　　　　　　　　　總之先拉出來

剖面

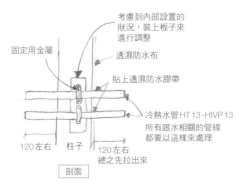

為了開口處的防水，要先將冷熱水管插入。
換氣管、電線管等其他開口也是一樣。

換氣管周圍的狀況

■圖3　廁所等管線的位置已經決定時

12.5
跟修繕面
處於同一個面上

固定
金屬

決定好廁所供水管的位置
可以在室內一方也裝上水龍頭接孔

水龍頭插孔

底座

基礎

防水膠帶

透濕防水布

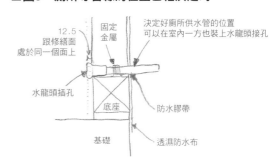

■圖4　透氣胴緣的分配

先鋪上透濕防水布

這部分
也需要胴緣

釘子長度
45mm以上

通風管
周圍是
防水膠帶

30

開口處

30

杉木KD木材
18×45
固定在柱子、
隔間柱的部分

455　455　455　455　455

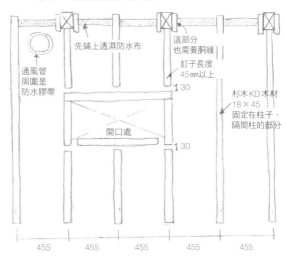

管線也是一樣，這些開口處一樣要貼上防水膠帶（圖2）。

❻防水布如果出現破損，要用防水膠帶來修補。

同時進行瓦斯工程

瓦斯管線的工程如果要從外牆配置管線，則必須在這個階段進行。這項工程一樣要請專門的業者負責。跟瓦斯公司連絡來決定施工日期，調整瓦斯管線跟透濕防水布之間的關係。瓦斯管線如果貫穿透濕防水布，則必須請他們確實貼上防水膠帶。

裝設透氣胴緣

鋪好透濕防水布之後，接著要裝上用來當作外牆底層的透氣胴緣。我家的外牆是以橫向鋪設，因此透氣胴緣必須是垂直鋪設。用455mm的間隔，來鋪設18×45mm的木材。這個長度將是柱子與隔間柱的間隔。釘子長度必須是木材厚度的2.5倍以上，所以選擇45mm的款式。我用鐵鎚以大約300mm的間隔來釘上。像我家這種規模，只要半天就能將透氣胴緣裝好（圖4）。

●屋簷天花板／屋頂之中，位在外牆以外的屋簷內側的天花板。
●透氣胴緣／胴緣是將牆板鋪上的時候，作為固定的底層材料。透氣胴緣則是裝在外牆，用來將室內濕氣排出的胴緣。

實際動工之前

第1個月

第2個月

第3個月

第4個月

第5個月

第6個月

28 貼上外牆

必要的工具跟材料

□鐵鎚　□圓鋸機　□桌上型的滑動式圓鋸機　□手鋸　□外牆木材
□不鏽鋼釘（28～38mm）

■圖1　用釘子釘在柱子或胴緣讓木板維持在水平

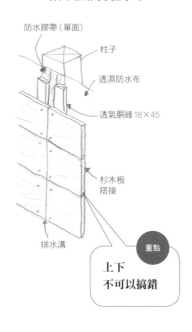

防水膠帶（單面）

柱子

透濕防水布

透氣胴緣 18×45

杉木板搭接

排水溝

重點

上下
不可以搞錯

■圖2　把釘子釘在板子邊緣往內20mm的位置

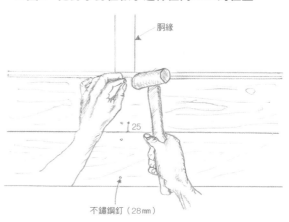

胴緣

25

不鏽鋼釘（28mm）

　　把外牆裝上。我家的外牆，是以橫向來鋪設10mm厚的杉木板。這個步驟相當平淡，純粹只是一步一步的將作業完成。

❶購買市面上所販賣的外牆用的搭接式木板。分別測量每一面外牆的尺寸，用桌上型的滑動式圓鋸機來進行切割。

❷從低於底座40mm的地方開始鋪設。外牆用的木板會有上下的區別，要注意方向是否正確，用釘子來固定在胴緣上面。外牆在固定時，必須使用鋪設牆板用的不鏽鋼釘。長度為牆板厚度的2.5倍以上（圖1）。

重點

釘上釘子的時候
從木板的
兩端開始

　　外牆用木板不一定都是筆直，鋪設的時候要一邊檢查整體的水平（圖2）。可以在胴緣以900mm的間隔，標上水平的墨線。

❸開口處的周圍，要注意圖3所提到的部分。難度雖然不低，但還是要一步一步的完成。

　　這個家的構造明明是那麼的單純，但是由自己動手打造，卻還是覺得窗戶數量真多。對Self-Build來說，開口數量不要太多，盡量整合成單一的大型開口似乎會比較好。要是得意忘形的設計許多窗戶，只會把自己累壞。

❹根據相關書籍，外側的轉角，為了防止木材切口受到侵蝕，要像圖4這樣裝上加工過

我家的外牆，是以橫向來鋪設杉木板。注意整體的水平，一步一步的將作業完成。

■圖3　讓開口的兩側擁有同樣的高度

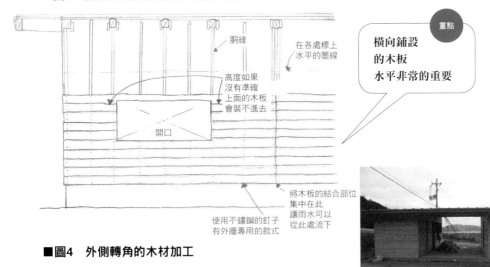

胴緣

在各處標上水平的墨線

高度如果沒有準確上面的木板會裝不進去

開口

將木板的結合部位集中在此讓雨水可以從此處流下

使用不鏽鋼的釘子有外牆專用的款式

重點

橫向鋪設的木板水平非常的重要

■圖4　外側轉角的木材加工

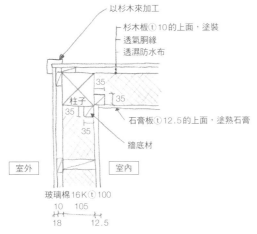

以杉木來加工

杉木板(t)10的上面，塗裝
透氣胴緣
透濕防水布

柱子

35

35

35

35

石膏板(t)12.5的上面，塗熟石膏

牆底材

室外　　室內

玻璃棉 16K(t)100
10　105
18　12.5

外牆的木板鋪設完畢，花了10天左右。

的木材。尺寸沒有特別記載，應該可以自己思考來的決定。這種做法確實可以提高耐久性，但我以外觀為優先，選擇不要裝設。

要是真出現損壞，到時再來想辦法。

就這樣子，把總共33坪的外牆都裝好。一般用來當作外牆的牆板，每1片尺寸都非常的大，一個人很難進行作業。因此就算比較費力，還是選擇木板會比較好。

●搭接／兩片板子的側面，分別削掉一半的厚度來進行貼合的方式。

前3個月
總之就是埋頭苦幹

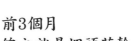

　　最辛苦的時期，我認為是動工之後的前3個月。這3個月所進行的工作項目都需要相當大的力氣，沒有體力的人會很辛苦。但肉體勞動2個禮拜之後，身體開始習慣，可以持續作業的時間也越來越長。

　　經過 Pre-cut 的木材一但送來，接下來就只是從右邊裝到左邊，讓人埋首於作業之中。一直到製作牆壁底層的階段，我都像個拼命三郎似的，簡直不知道自己是在忙什麼。測量、切割、裝設，千篇一律的作業雖然令人厭煩，但只要忍耐3個月就好。撐過這段時間，剩下來就是細部的修繕，接近完成的房子出現在眼前，讓人在充實感之下越做越是快樂。只要撐過前3個月，一切都不會有問題。

實際動工之前

第1個月

第2個月

第3個月

第4個月

第5個月

第6個月

29 | 製作路邊的平台

必要的
工具跟
材料

□水平尺　□碎石　□防濕布　□鐵絲網　□墨斗
□模板　□混凝土　□鏝刀等工具

把平台的混凝土
灌好的樣子。

　　如果成本不高，其實沒有必要在建築的外圍鋪上碎石或灌上混凝土，來製作與道路區隔高低的平台。但我家門的軌道有一部分裝在平台上，因此無法省略這個部分。

　　在擁有大型開口的南北兩個面，比基礎更低80mm的位置，灌上寬800mm的混凝土。要領跟基礎工程（57頁以後）相同，必要的話請回頭參考相關部分。

❶在基礎的部分跟模板，標示好混凝土的高度。

❷混凝土必須擁有100mm的厚度，配合這點來鋪上碎石，並且壓緊。
用震動壓路機來作業，雖然可以提高效率，但租借的費用並不便宜，我選擇用重物敲打跟水來壓緊。沒有壓緊會讓混凝土下沉，如果擔心的話，可以借壓路機來使用。

❸把防濕布鋪到碎石上。

❹製作模板，可以將基礎工程的模板拿來使用。我之前是用租的，這次拿模板專用的木板來自己製作。

❺將鐵絲網（6mm）放進去。不要忘了擺上間隔物讓鋼筋擁有適當的間隔。

❻在模板裝上防止被擠開的木材跟木樁。

❼在模板標示代表混凝土高度的墨線。考慮到排水，刻意往外傾斜1/100～1/50。

重點

裝上大門
軌道的部分
非常謹慎的
測量水平

❽將混凝土灌入。

❾將模板拆除。

●模板專用的木板（Concrete Panel）／專門給灌混凝土的模板所使用的合板。

為什麼會是這樣？

畠山悟的
經驗談

　　結果模板又被混凝土擠壓開來。不論重複幾次，同樣的錯誤還是發生。雖然這一次模板被擠開，對建築物本身也不會有影響，但自認不會有問題的部分還是出錯，在精神上受到不小的打擊。結果就只能呆呆看著被擠壓開來的模板。

內部工程

慢慢累積
持續的進行作業

實際動工之前

第1個月

第2個月

第3個月

第4個月

第5個月

第6個月

30 | 電線工程

必要的
工具跟
材料

□Slide Box[※]　□電線（VA2.0mm、VA1.6mm）　□冂型釘　□電工刀
□螺絲起子　□軍刀鋸　□剪鉗
※Slide Box：日本未來電工販賣的塑膠製和室電線盒

■圖1　整體的電力計劃圖

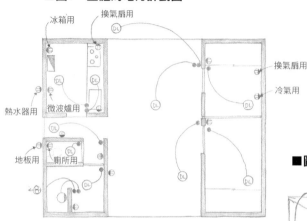

冰箱用　換氣扇用
換氣扇用
冷氣用
熱水器用　微波爐用
地板用　廁所用

插座
落地燈
壁燈
開關
分電盤
換氣扇

■圖2　配線的意象圖

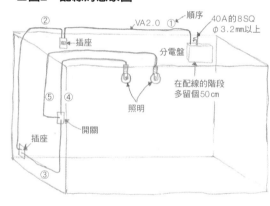

②　VA2.0　①　順序　40A的8SQ
φ3.2mm以上
插座
分電盤
在配線的階段
多留個50cm
⑤　④
照明
插座　開關
③

重點

掌握工程的內容來幫忙
可以讓作業盡早結束
費用也比較便宜

　電氣工程必須由擁有合格證照的電氣技師來進行，但住宅整體的照明跟插座的位置，則要由我們自己來決定。施工的時候雖然只能幫電氣技師打雜，但也必須以現場監督的身份來掌握整個工程的狀況，另外還得準備所有的材料，不能有所遺漏。

　這次先進行配線，日後再進行將所有線路連結在一起的作業。

❶完成家中整體電力的配線計劃。決定插座、照明、開關的位置。冷氣、冰箱、廚房的換氣扇、熱水器、化糞池鼓風機（送空氣給化糞池內細菌的設備）等插座也不可以忘記。

微波爐跟冷氣等，必須使用大量電力的設備，要選擇單一迴路的方式（沒有從分電盤分接，直接將電線拉到插座）。

❷決定好各個位置之後，接著決定配線的路徑。電線的結線部位全都要在插座盒內。這樣雖然會增加配線長度，卻是最為簡單、風險最少的方式。電線粗細準備2.0mm跟1.6mm這兩種尺寸。

❸需要開關跟插座的場所，要裝設SlideBox。要是超出柱子的表面，貼上石膏板的時候會成為阻礙，要跟柱子還有隔間柱的平面湊齊。

插座跟開關的高度，並沒有特別的規定。

這項工程雖然是委託電氣技師來進行，
但家中整體的照明跟插座的位置，必須由我們自己來決定。
當然也要準備材料。

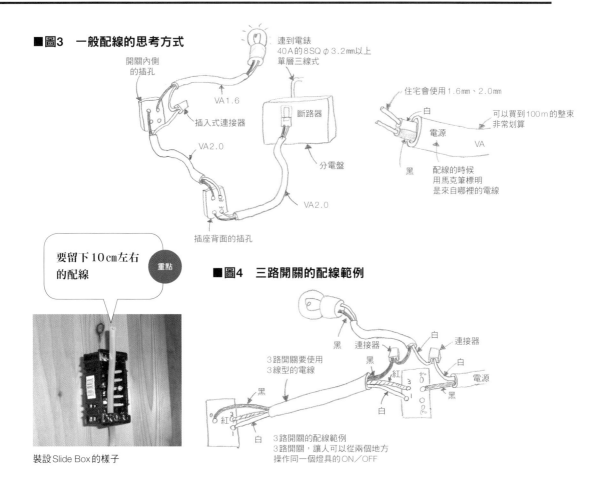

■圖3　一般配線的思考方式

開關內側
的插孔

連到電錶
40A的8SQ φ3.2mm以上
單層三線式

VA1.6

插入式連接器

斷路器

住宅會使用1.6mm、2.0mm

白

可以買到100m的整束
非常划算

電源

VA

VA2.0

分電盤

黑

配線的時候
用馬克筆標明
是來自哪裡的電線

VA2.0

插座背面的插孔

要留下10cm左右
的配線

重點

裝設Slide Box的樣子

■圖4　三路開關的配線範例

黑　連接器

白　連接器

3路開關要使用
3線型的電線

黑

白

電源

紅

黑

黑

白

紅

白

3路開關的配線範例
3路開關，讓人可以從兩個地方
操作同一個燈具的ON／OFF

　　要是無法決定，可以測量現在居住地點的插座（標準高度250mm）或開關（標準高度1,250mm）高度，來當作基準。

❹配線以分電盤為起點，像圖2這樣連接出去。一直到第2插座為止，都使用2.0mm粗細的電線。比方說分電盤→換氣扇的插座→廚房的插座→開關→照明的電線。

　　SlideBox要多留10cm的電線，在事後連接的時候使用。

❺配線的時候在每一條電線，電源寫上「電源」、照明寫上「照明」，這樣事

要先看出牆壁
底層的交接處，
進行配線

重點

後連接的時候會相當方便。

　　配線作業時，可能得在樑上面開孔。此時務必選擇比較沒有承受力道的部位。特別是樑的中央，一定要避免。

　　由電氣技師來進行，大約只要半天就能完成配線工程。買來那麼多的電線，幾乎都被用掉。

●三路開關／可以從兩個地點，對同一個照明器具進行開關的裝置。

實際動工之前

第1個月

第2個月

第3個月

第4個月

第5個月

第6個月

31 │ 供水管、熱水管的工程

必要的
工具跟
材料

□HIVP管、HTVP管的直管、彎管、止水蓋、插口　□各種相對應的接著劑
□塑膠專用鋸　□砂紙　□支撐用金屬　□隔熱材

■圖1　廚房的配管計劃

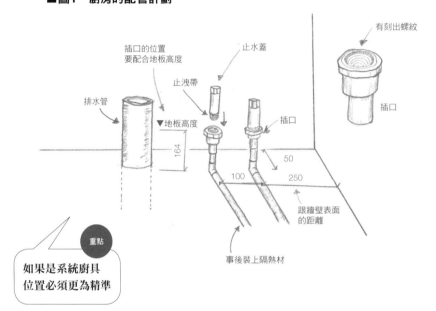

有刻出螺紋

插口的位置
要配合地板高度

止水蓋

止洩帶

插口

排水管

▼地板高度

164

50

100

250

跟牆壁表面
的距離

插口

重點

如果是系統廚具
位置必須更為精準

事後裝上隔熱材

進入地板工程之前，要先在地板下面裝設供水管跟熱水管。這項作業，一樣得請市政府指定的業者來進行。我會在業者的技術指導總監的監督之下，一起幫忙。如果使用井水，則沒有必要委託業者，在此介紹其施工方式。

我在供水管（冷水管）使用HIVP、熱水管使用HTVP的水管。分別準備好材料與專用的接著劑。

圖1是我家廚房配管的狀況。預定在現場打造的固定式的廚具，位置不用太過精準也沒關係，不過供水管往上彎起的位置，還是要配合系統廚具的位置。

❶決定配管的位置。

❷將直管鋸成必要的長度（圖2）。

❸切口的部分磨出2mm左右的倒角（圖3）。

❹標示插入的長度（圖4）。

❺直管跟彎管（彎頭），兩邊都要塗上接著劑（圖5）。插口跟直管也是一樣。

❻插入來進行結合。插進去後按住30秒左右不要移動。途中若是放開會讓水管鬆掉，一定要緊緊的按住（圖6）。

❼在供水管、熱水管包上隔熱材。日用品中心有販賣簡易施工用的隔熱材，可以買回來使用。

❽在往上彎起的插口，裝上止水蓋。

❾最後用支撐的金屬零件來進行固定，大約900mm的間隔。

●HIVP／耐衝擊PVC管　●HTVP／耐高溫PVC管　●彎管／像手肘一般彎曲的彎頭管

在地板下配置供水管、熱水管的工程，一樣要委託專門的業者來進行。
在此介紹跟業者一起進行的作業。

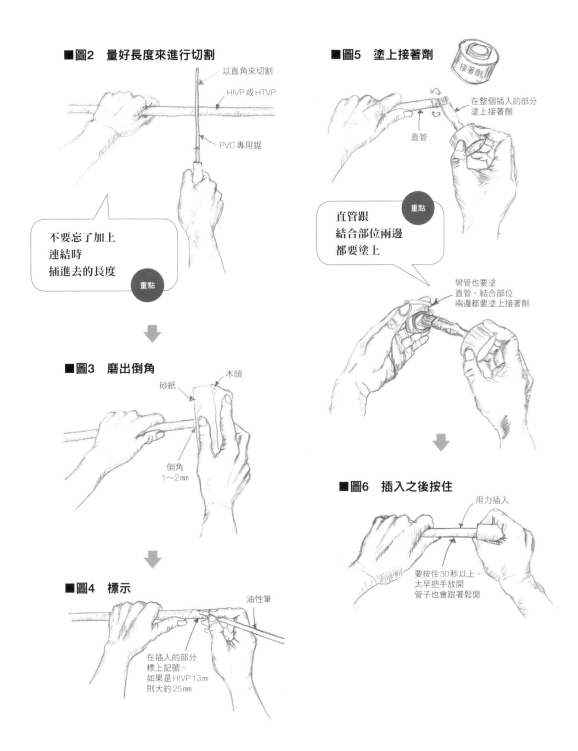

■圖2　量好長度來進行切割

以直角來切割

HIVP 或 HTVP

PVC專用鋸

不要忘了加上
連結時
插進去的長度

重點

■圖3　磨出倒角

木頭

砂紙

倒角
1～2㎜

■圖4　標示

油性筆

在插入的部分
標上記號。
如果是 HIVP 13㎜
則大約 25㎜

■圖5　塗上接著劑

接著劑

在整個插入的部分
塗上接著劑

直管

直管跟
結合部位兩邊
都要塗上

重點

彎管也要塗
直管、結合部位
兩邊都要塗上接著劑

■圖6　插入之後按住

用力插入

要按住30秒以上。
太早把手放開
管子也會跟著鬆開

32 | 鋪設地板隔熱材

□圓鋸機 □美工刀 □鐵鎚 □釘子（45mm） □發泡類隔熱材（厚度50mm） □氣密膠帶

如果發生這種狀

要是出現較大的縫隙，或是隔熱材塞不進去的位置，可以用噴霧式的氨基鉀酸酯隔熱材來進行修補。日用品中心就買得到，使用方法也非常簡單。

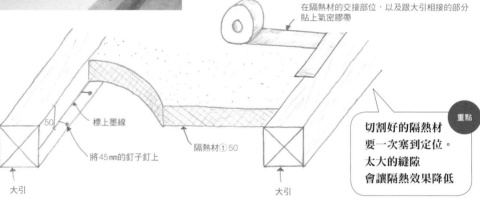

在隔熱材的交接部位，以及跟大引相接的部分貼上氣密膠帶

50　標上墨線
將45mm的釘子釘上
隔熱材①50
大引　　大引

重點
切割好的隔熱材要一次塞到定位。太大的縫隙會讓隔熱效果降低

在地面鋪設膠合板之前，要先塞入隔熱材。地板的隔熱方式，分成鋪在地板下面的「地板隔熱」，跟在建築外圍、基礎的垂直部分貼上隔熱板的「基礎隔熱」這兩種。我選擇比較簡單的地板隔熱，使用發泡類（射出成形的苯乙烯）的板狀隔熱材。購買市面上厚50mm的Styrofoam跟KaneliteFoam（以910×1820mm的尺寸販賣）這兩種產品。

把隔熱材塞到大引之間。隔熱材擁有相當的厚度，與其使用美工刀，不如用圓鋸機會比較好切。

重點
作業前要先清掃地板底下

❶在大引側面，以大約300mm的間隔釘上長度約45mm的釘子。釘入20mm左右，以免隔熱材滑落。市面上也有販賣專門用來固定隔熱材的金屬零件。

❷用圓鋸機把隔熱材切成必要的尺寸。隔熱材看似柔軟，實際上卻相當堅硬，作業起來會比想像中的困難。切小一點（1～2mm），一邊調整一邊塞進去。縫隙較小塞不進去時，可以用鐵鎚來敲入，但直接敲打會讓隔熱材碎掉，敲的時候要先疊上木板。

❸配管的部分，可以用美工刀來切出比較整齊的形狀。也可以用噴霧式的隔熱材代替。

❹在大引跟隔熱材的交接處，以及隔熱材相接的部位，最好貼上氣密膠帶。

33 鋪設地面的合板

必要的工具跟材料

□圓鋸機　□手鋸　□墨斗　□鑿子　□鐵鎚　□釘子（長70mm）
□樺接的結構用（針葉樹）膠合板（厚24mm，28mm也可以）

■圖1　表面處理方式的差異

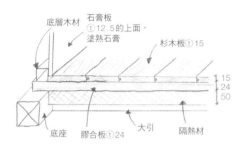

底層（膠合板24mm）＋表面（杉木板15mm）

底層木材
石膏板 ⓣ12.5的上面，塗熟石膏
杉木板ⓣ15
底座　膠合板ⓣ24　大引　隔熱材

直接鋪設表面（杉木板30mm）

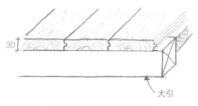

大引

直接將30mm的地板用木材鋪到大引上面，
可以省下許多麻煩。
價格低廉的杉木板，將是合理的選擇。
結構上將會需要火打（水平斜角）的底座
如果不用承受高負荷的話，採用這種方式也可以

■圖2　地板膠合板內凹的意象圖

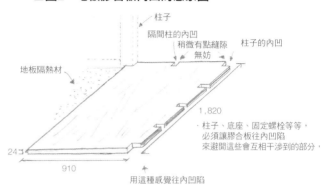

柱子
隔間柱的內凹
稍微有點縫隙無妨
柱子的內凹
地板隔熱材

1,820
910
24ⓣ

・柱子、底座、固定螺栓等等，
必須讓膠合板往內凹陷
來避開這些會互相干涉到的部分。

用這種感覺往內凹陷

■圖3　內凹的加工方法

重點
多少有點縫隙也不用在意

用衝擊起子鑽出基準孔
接著用鋸子鋸開
膠合板
再來用鑿子打穿會比較快

我在一開始，並沒有打算鋪設地板底層的膠合板，想直接把表面的30mm厚的杉木板鋪在大引上面。鋪設膠合板花時間又費功夫，直接鋪設杉木板應該會比較輕鬆。

讓我放棄這個念頭的，是杉木板的價格。杉木板的價格比以前高出1.5倍，超出我所能負擔的範圍。24mm膠合板＋15mm杉木板的組合反而比較便宜。但如果價位相同，建議還是直接鋪設30mm的杉木板，來當作地板表面（圖1）。

❶柱子、隔間柱、金屬零件等等，用墨線在膠合板標出這些會被干涉到的部分，用衝擊起子跟圓鋸機、鑿子等工具來打穿（圖2、3）。

❷從邊緣開始鋪設，第1片的位置將非常的重要。如果出現誤差，接下來所鋪設的膠合板都會跟著歪掉。如果房間較大，最後有可能會裝不下去。要確實將尺寸量好。

重點
鋪在與大引垂直的方向上

❸把釘子釘上。用150mm的間隔來將75mm（N或CN）的釘子釘上。我全都是用鐵鎚釘入，但也可以選擇用電動釘槍來作業。

實際動工之前

第1個月

第2個月

第3個月

第4個月

第5個月

第6個月

■圖4　地面膠合板的鋪設方式

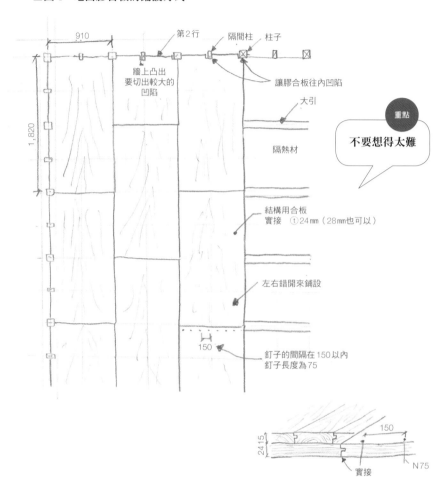

910

第2行　　隔間柱　柱子

牆上凸出
要切出較大的
凹陷

讓膠合板往內凹陷

大引

1,820

隔熱材

重點

不要想得太難

結構用合板
實接　⊕24mm（28mm也可以）

左右錯開來鋪設

150

釘子的間隔在150以內
釘子長度為75

24 15

150

實接

N75

❹第2排以後將重複同樣的作業，但板子之間會有「榫接」用的凹凸存在，要讓凹凸確實的咬合來進行固定。像上圖這樣左右錯開，以「千鳥（左右輪流交叉）」的方式來配置。考慮到「榫接」的凹凸，為了柱子還有隔間柱而打穿的凹陷，尺寸要稍微大一點（圖4）。

❺到了最後一排，一樣要注意「榫接」的凹凸來進行作業。在一開始或許還不大熟悉，但在作業之中會越來越熟練。

●榫接／讓木板結合的時候，一邊為細長的凸出，一邊為凹槽。
●電動釘槍／可以將將釘子迅速釘入的機械，必需要有壓縮機來當作動力。

畠山悟的
經驗談

想要放棄的時候

3×6的合板重量非常的重，對我這種不習慣粗活的人來說，是相當辛苦的作業。切好的材料搬到現場，裝上去之後發現尺寸不合，拿回去重新切過……，同樣的事情一次又一次發生。途中還不小心把隔熱板踩破，這種失誤一再上演，讓人想要放棄。

這種時候必須忍耐下來。從測量尺寸的部分重新來過一次。尺寸絕對不會說謊。

人總是會出錯。底層材料不用那麼精準也沒關係，就算多多少少有些縫隙，也不用太過神經質。

34 | 裝設牆壁底層

必要的
工具跟
材料

□桌上型的滑動式圓鋸機 □杉木材、赤松木材（35mm×35mm以上）
□小螺絲 □鐵鎚 □衝擊起子

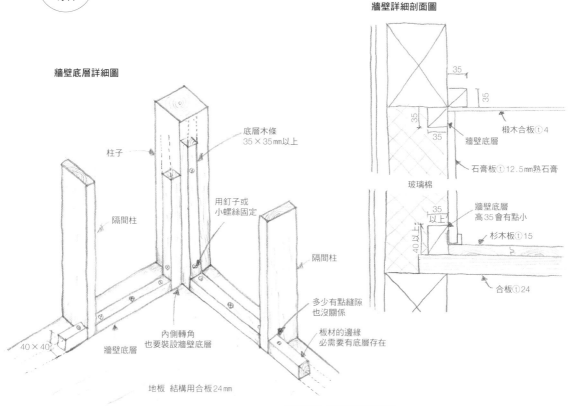

牆壁詳細剖面圖

35
35
35
椴木合板ⓣ4
牆壁底層
石膏板ⓣ12.5mm熟石膏
玻璃棉
35
以上
牆壁底層
高35會有點小
40以上
杉木板ⓣ15
合板ⓣ24

牆壁底層詳細圖

柱子
隔間柱
底層木條
35×35mm以上
用釘子或
小螺絲固定
隔間柱
多少有點縫隙
也沒關係
板材的邊緣
必需要有底層存在
40×40
牆壁底層
內側轉角
也要裝設牆壁底層
地板 結構用合板24mm

確實裝設，以免回頭重新作業

　裝上用來當作牆壁底層的木條。雖然是簡單的作業，但如果有哪裡忘了裝上，事後會非常的麻煩。為了避免鋪設牆壁木板或石膏板的時候才發現「怎麼沒有裝！」的狀況，要確實的檢查才行。

❶牆壁的底層材料，選擇35mm以上的乾燥杉木材或赤松。
用桌上型的滑動式圓鋸機來進行切割。基本上必須裝設牆壁底層的部位如下。

○內側轉角

> **重點**
> 材料的長度大致都是同樣的尺寸，所以要事先大量切好，然後一口氣裝設

○牆壁跟天花板的交接處
○地板跟牆壁的交接處
○石膏板之間的交接處

　我家天花板的高度，幾乎都在2,430mm以下，購買3×8尺（910×2,420mm）的石膏板，只要1片就能達到天花板的高度。如果使用3×6尺的石膏板，光是1片無法蓋到天花板，必須在橫的方向（石膏板的交接部分）加裝一條底層，3×8尺的話則沒有這個必要性。

❷固定時，不論是用釘子還是小螺絲都可以，我主要是使用75mm的小螺絲。直接將12.5mm的石膏板裝到柱子、隔間柱上，將牆壁的胴緣等結構省略。

實際動工之前

第1個月

第2個月

第3個月

第4個月

第5個月

第6個月

35 | 裝設牆壁的隔熱材

> **必要的工具跟材料**
> □玻璃棉（無機纖維類的隔熱材） □氣密膠帶 □釘槍
> □尺 □美工刀 □口罩 □工業用手套

■圖1　切割玻璃棉的程序

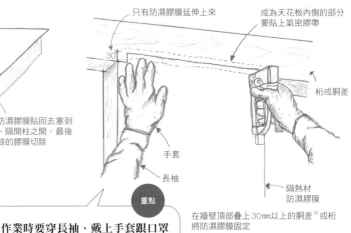

①把防濕膠膜撕下

②只切割玻璃棉的部分

③把防濕膠膜貼回去塞到柱子、隔間柱之間。最後將多餘的膠膜切除

玻璃棉的外側貼有防濕膠膜的類型。
可以省略防濕膠膜的工程，精準度也更好

■牆壁上方的施工

只有防濕膠膜延伸上來

成為天花板內側的部分要貼上氣密膠帶

30

桁或胴差

手套

長袖

隔熱材
防濕膠膜

> **重點**
> 作業時要穿長袖、戴上手套跟口罩以免將玻璃棉吸入體內

在牆壁頂部疊上30mm以上的胴差※或桁將防濕膠膜固定

※胴差：在相當於2樓地板的高度，環繞建築周圍一圈的木材

用玻璃棉來當作隔熱材

隔熱方式，分成在結構體外側貼上隔熱材的「外隔熱工法」，以及在結構體內側施工的「填充施工法」。兩者無法區分優劣，我選擇填充施工法，是因為如果不使用在牆壁貼上結構用合板的構造，工期跟成本方面都會出現問題。

牆壁的隔熱材，選擇玻璃棉這種無機纖維類的隔熱材（將熔融玻璃纖維化，製造成棉狀的隔熱材）。隔熱材另外還有發泡塑膠類、天然性材料可供選擇。計劃的時候可以先比較其中的優缺點，找出適合自己的材料。

我選擇玻璃棉，是因為價格便宜又容易買到。缺點是怕水，施工品質如果不好，會吸收濕氣讓隔熱性能降低。從頭到尾要非常仔細的注意，怎樣避免濕氣進入牆內。

玻璃棉的密度越高，隔熱性能越好。我

使用的是16kg／㎥、厚度100mm的款式。使用哪一種隔熱材、厚度多少，會隨著地區而有不同的規定，要參考日本政府所規定的「次世代節能基準」。

我最討厭的作業

將玻璃棉塞入，是我最討厭的作業之一。粒狀的玻璃棉會沾到身上，出現刺痛的感覺。臉部感到麻癢伸手去抓，反而讓玻璃纖維沾到臉上，造成惡性循環。但也沒有其他辦法，只好將全身包緊、作業時盡量小心不去沾到。因為是不喜歡的作業，所以很努力的在1天內完成。

裝設隔熱材

❶切割玻璃棉的順序，如圖1所顯示。切的時候要將防濕膠膜撕開，只切割玻璃棉的部分。

❷玻璃棉面對室內一方，貼有防濕膠膜，因此用釘槍把膠膜邊緣多出來的部分，釘到柱

把隔熱材裝到牆上。隔熱材的種類不少，我所選擇的是玻璃棉。
可以先比較一下各種類型的特徵，找出符合自己需求的產品。

重點　破損的部位要用氣密膠帶修補

■圖3　柱子或隔間柱部位的施工

■圖4　牆壁下方的施工

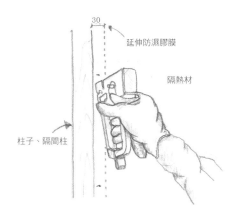

30
延伸防濕膠膜
隔熱材
柱子、隔間柱

將玻璃棉塞到柱子與隔間柱之間
用釘槍把防濕膠膜固定在面向室內的正面

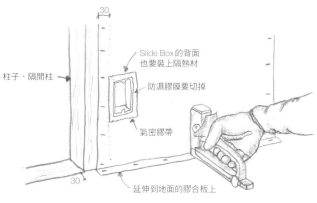

30
柱子、隔間柱
Slide Box 的背面
也要裝上隔熱材
防濕膠膜要切掉
氣密膠帶
30
延伸到地面的膠合板上

子或隔間柱上。防濕膠膜上面印有標誌，順著標誌來將ㄇ型釘釘上。桁、樑、地面膠合板的部分，則是用圖內所顯示的方式來固定（圖2～4）。

重點　細小的地方也要用氣密膠帶修補

❸隔熱材相接的部分、防濕膠膜出現破損的部分，必須用氣密（防濕）膠帶來修補。

❹約30㎜的縫隙等，玻璃棉施工起來比較不容易的位置，可以使用噴霧式的氨基鉀酸酯隔熱材。

❺換氣扇等開口處，要細心的將玻璃棉塞入。並且用氣密膠帶來修補。

　也就是說，不可以讓室內的濕氣跑到牆內。牆內如果結露，最糟糕的場合還有可能讓結構腐朽，縮短建築物的壽命。因此裝設隔熱材的時候，一定要落實氣密處理。

●桁／架在柱子之間的水平建材，橫架在建築物較短的一邊稱為「樑」。

畠山悟的經驗談

真的不會冷嗎？

「冬天應該會很冷」來到我家的人，大多會提出這種感想。客廳的地板為混凝土、沒有窗框跟玻璃窗、開口只有雨窗跟紙門，會讓人感到這種疑問是正確的。理所當然的冷風會從縫隙吹入，設計時已經預料到冬天的室內溫度應該會相當的低。

　蓋好之後第一個冬天，我所居住的地區，氣溫為零下4度。啟動燒柴的暖爐，很不可思議的，整個家中相當的溫暖。奇怪了，不應該這樣才對，設計上出了問題？看來住宅的規模如果比較小，暖氣設備的效果似乎會比預期的要好。

　太過追求「隔熱」的問題，會給人「想那麼多有用嗎？」的感覺。冬天本來就會冷，接受這點，讓自己擁有可以承受冬天氣溫的身體，似乎比較有建設性。

36 | 裝設天花板的底層跟隔熱材

> **必要的工具跟材料**
> □底座材料（杉木、35×35mm） □墨斗 □手鋸 □桌上型的滑動式圓鋸機
> □衝擊起子 □鐵鎚 □小螺絲 □釘子 □玻璃棉 □美工刀 □釘槍

■圖1　裝設傾斜天花板的底層材料（我家的類型）

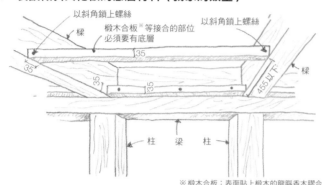

※椴木合板：表面貼上椴木的龍腦香木膠合板

■圖2　裝設平面天花板的底層材料

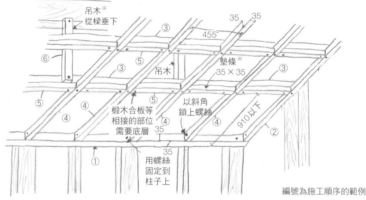

編號為施工順序的範例

※吊木：從上方下垂，用來吊住櫃子或天花板的細長木材
※墊條：天花板工程之中，鋪設表面時，用來當作底層的棒狀木材

裝設天花板的底層

❶裝設天花板底層材料的部分，要用墨斗標上墨線。從房間內牆的周圍開始下手，房間內部也標上墨線，讓天花板的底層材料可以用455×910mm以下的間隔來施工。

❷底層材料使用35mm×35mm的乾燥木材。天花板的表面預定是4mm厚的椴木合板，因此重量並不會太重。用455×910mm的間隔來裝設底層的木條。用螺絲以

> **重點**
> 計劃的時候
> 一定要讓底層材料
> 剛好來到
> 表面材料的接縫

斜角來固定在樑或柱子上（圖1）。如果天花板是平坦的構造，請參考圖2來進行施工。

❸底層用的木材，要量好尺寸、切割到剛剛好。尺寸剛好，多少會比較難裝進去，但還是可以用木鎚敲入。尺寸如果不足，裝設起來會比較麻煩，切割的時候要多加注意。

❹我家的門窗，有些尺寸高到天花板。因此要在這個時間點裝設鴨居（門窗上框），同時也得在此挖上溝槽。但我並沒有如此高明的技術。只好採用沒有溝槽的「簡易型鴨居」。

裝設天花板的底層材料與隔熱材。必須面對上方來進行作業，感覺有點辛苦。
我家門窗的高度會貼到天花板，要順便製作「簡易型鴉居」。

■圖3　製作「簡易型鴉居」

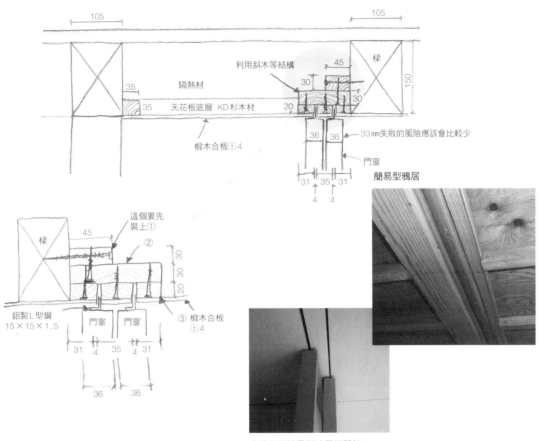

完成後的簡易型鴉居跟門板

　圖3是簡易型鴉居的詳細圖。考慮到門板的厚度，溝槽寬度設定為4mm。空隙雖然留得比較大，但因為是外行人，空隙大一點可以容許比較多的誤差。

裝設天花板的隔熱材

　將天花板的底層裝好之後，要塞入隔熱材。在此一樣使用玻璃棉。

　進行這項作業的時候，在天花板底層的干涉之下，常常會產生不應該有的縫隙。濕氣如果跑到隔熱材內，會讓人非常的困擾，因此要在天花板的結構面，貼上防濕膠膜。

　屋簷天花板，一樣要裝上底層木條。此處也是往上來進行作業，讓效率降低許多。測量尺寸跟切割材料的時候盡量不要出錯，以免拆掉重做。

重點
最後要確實檢查
是否有遺漏
的部分

●鴉居（門窗上框）／造型為拉門的開口，用來當作上框的橫木。
為了在門窗裝上去的時候可以順利滑動，會刻上溝槽。

107

37 | 鋪設地板表面的木材

□實接加工的杉木板（15mm厚）　□桌上型的滑動式圓鋸機　□圓鋸機　□手鋸　□鐵鎚　□中心衝
□地板用釘子（38mm）　□聚氨酯類接著劑　□砂紙　□暫時固定用的釘子　□修邊機
□圓穴鋸（用來開供水、排水的孔）

■圖1　標示墨線

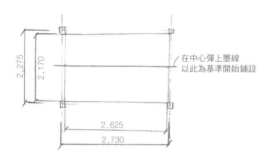

在中心彈上墨線
以此為基準開始鋪設

■圖2　分配尺寸

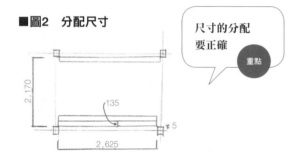

重點
尺寸的分配
要正確

重點
鋪設地板之前
別忘了打掃乾淨

■圖3　切

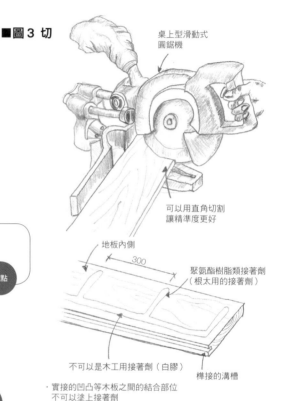

桌上型滑動式
圓鋸機

可以用直角切割
讓精準度更好

地板內側

300

聚氨酯樹脂類接著劑
（根太用的接著劑）

不可以是木工用接著劑（白膠）

榫接的溝槽

· 實接的凹凸等木板之間的結合部位
不可以塗上接著劑

鋪設地板表面的木材

　　終於到了地板表面的工程。從此處開始，作業時要盡可能的形成漂亮的表面。

　　地板表面的木材，選擇厚15mm×寬135mm×長4000mm，邊緣有實接加工的杉木板。杉木板是柔軟、容易受損的木材，但摸起來的感觸很好，冬天也比較不會給人冰冷的感覺。

❶首先要標上墨線，明確的決定用哪裡當作基準。我是配合房間的中心、木板較長的一邊來標上墨線（圖1）。

❷按照基準，來分配寬135mm的木板，決定要怎樣排列。因為是以房間的中心為基準，必須讓房間兩側以同樣寬度的木板收尾（圖2）。

　　我家房間的寬度為2,170mm，用135mm的寬度來分割的話，會分成16片跟剩餘10mm。剩餘的部分來到兩端各分配5mm。從距離柱子5mm的位置開始鋪設，將會鋪得剛剛好。兩端剩餘的寬度多少有點不同也沒關係，更重要的是，別讓兩端木板寬度變得像10mm或20mm這樣太細。太細的話會不容易切割、容易出現不是直角的部位，作業起來也會比較困難。分配尺寸的時候，要能在最後以較大的寬度來收尾。

鋪上地板表面的木材。決定基準來分配尺寸，作業時要確實的對齊。
在這之後會持續進行其他作業，鋪好之後，別忘了對地板採取保護措施。

■圖4　釘上釘子　最後用中心衝（Punch）將釘子釘入

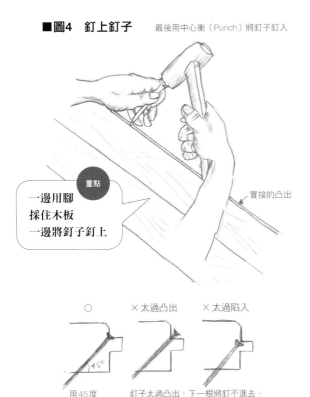

實接的凸出

重點
一邊用腳
採住木板
一邊將釘子釘上

○　　×太過凸出　　×太過陷入

45°

用45度
來將釘子釘入

釘子太過凸出，下一根將釘不進去。
也會讓實接的凸出膨脹。
太過陷入則會讓實接的凸出損壞

重點
第1片很重要。
如果產生誤差
後續木板都會
持續的歪掉

室內門板的溝槽，等鋪上地板之後，再用修邊機
跟導引用的木條來製作。

開口處的V型槽，先在木板挖好溝道之後，再用
接著劑來裝上。

重點
不用貼到完全密合
留下大約可以插入1張名片的空隙
讓木板有膨脹或收縮的空間

❸動手鋪設第1片。已經
分配好尺寸，從邊緣開
始作業。直的方向用圓鋸機，橫的方向用可
以切出直角的桌上型滑動式圓鋸機（圖3）。
❹切口要製作不到1mm的倒角。我是用砂紙
來磨。製作倒角，可以讓木板結合起來更加
漂亮。
❺塗上聚氨酯類接著劑（跟木工用接著劑相
比具有柔軟性，木材乾燥也不容易碎裂）來
進行鋪設，以斜角來釘入釘子（圖4）。
❻接著要將下一片木板的「實接的凸出」插
進去，為了避免凸出部分受損，用鎚子敲進
去的時候要墊上其他的木材。

❼重複以上的步驟。鋪設方法請參考下一頁
的插圖（圖5）。
❽最後一片木板，位在無法釘上釘子的位
置。塗上接著劑之後，釘上暫時固定用的釘
子來壓住。
❾給門窗使用的溝槽，要像上方照片這樣，
用修邊機來施工（參閱114頁如何裝設門
窗）。

●實接／地板或牆壁木板結合的方式，一邊凹一邊凸，插入之後會
用螺絲或釘子來固定，但表面不會看到釘子。　●修邊機／製作溝
槽或倒角的工具。　●V型軌道／讓拉門滑輪移動的，裝在地板上
的軌道。

實際動工之前

第1個月

第2個月

第3個月

第4個月

第5個月

第6個月

■圖5 鋪設木板的方法

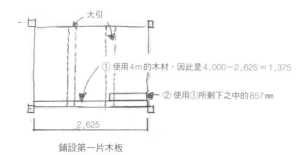

大引

① 使用4m的木材，因此是4,000－2,625＝1,375

② 使用①所剩下之中的857mm

2,625

鋪設第一片木板

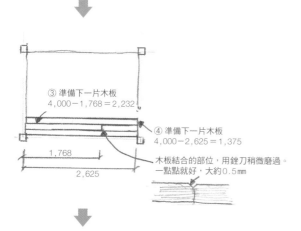

③ 準備下一片木板
4,000－1,768＝2,232

④ 準備下一片木板
4,000－2,625＝1,375

木板結合的部位，用銼刀稍微磨過。
一點點就好，大約0.5mm

1,768

2,625

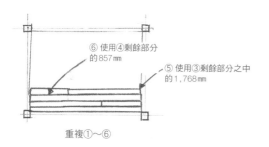

⑥ 使用④剩餘部分
的857mm

⑤ 使用③剩餘部分之中
的1,768mm

重複①～⑥

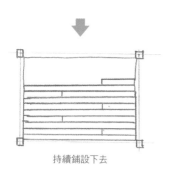

持續鋪設下去

地板木材鋪好的感覺

實接加工的地板木材的剖面

地板的保護措施

鋪好之後，要對地板採取保護措施。以免接下來持續進行的各種其他作業，對地板造成傷害。

❶用吸塵器將地板的灰塵吸乾淨。以免木屑或沙子存在於地板跟保護板之間，讓地板受到傷害。

❷先鋪上一層布。我是將剩餘的防水布拿來使用。從距離牆壁50mm的位置開始鋪設，拿保護用的膠帶，將四邊與防水布交接的部位確實的固定。

❸在這上面擺上保護用的板子（市面上有各種款式存在）。離開牆壁約70mm的距離，拿保護用的膠帶，將保護板的四邊與交接的部位確實的固定。

越不顯眼的作業越是困難，但也越是重要

畠山悟的經驗談

組裝木材、鋪設外牆等作業，乍看之下比較屬於動態，大多會認為擁有相當的難度，但其實不然。這種有如主角一般的作業，只要動手嘗試看看，幾乎都比想像中的要來得簡單。

真正困難的，是看似簡單，而且又不顯眼的作業。師傅們很輕鬆的動著雙手，讓人覺得「我應該也做得來」，但實際嘗試之後，卻完全不是這麼一回事。花上許多時間，成果又不如預期。比方說填縫（Caulking），不熟悉的時候會讓作業時間變長，密封材開始乾掉，表面也變得粗糙不堪，或是剛弄好的時候，沾滿密封材的手去摸到修繕好的牆壁表面，搞得又髒又亂。

看起來越是簡單，實際上就越是困難。在此介紹我認為最困難之作業的前5名。

第1名天花板的作業

這個部分不論是誰來進行都很麻煩，對外行人來說特別的辛苦。

第2名填縫

第3名塗裝

塗起來比想像中的還要不均勻，可以接受就算了，如果想塗得漂亮……

第4名裝設門窗

如果沒有一次到位，會讓人陷入「永遠都不會結束」的錯覺之中，怎麼裝都裝不好。不要太過追求精準度。

第5名鋪設磁磚

大片的磁磚會比較簡單，但馬賽克磁磚的難度卻很高。馬賽克磁磚擁有不用切割磁磚的優勢，但施工起來仍舊比較困難。

另外還有牆壁表面最後修繕之前的前置處理。用油灰將板子結合的部位填平，如果馬虎的話，會影響到表面的感覺。沒有對地板做好保護措施，也會讓人後悔莫及。

比方說化妝時，粉底非常的重要。不論使用再怎麼昂貴的粉底，基本層如果沒有塗好，也無法得到均勻、美麗的外表。

實際動工之前

第1個月

第2個月

第3個月

第4個月

第5個月

第6個月

38 | 鋪設天花板

□圓鋸機　□手鋸　□木工用接著劑　□鐵鎚
□椴木合板（厚4mm）　□圓鋸用導引木板　□刨刀　□暫時固定用的釘子

■圖1　鋪設天花板

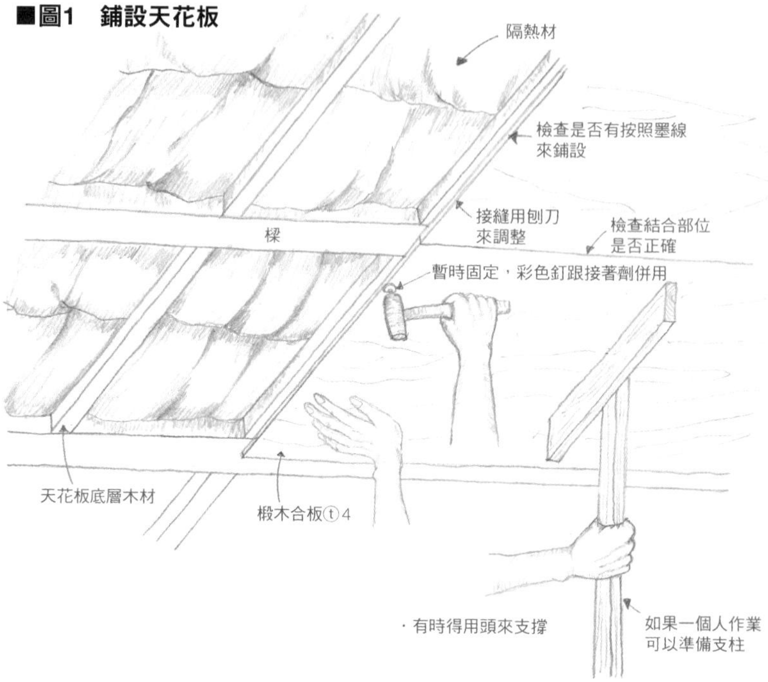

- 隔熱材
- 檢查是否有按照墨線來鋪設
- 樑
- 接縫用刨刀來調整
- 檢查結合部位是否正確
- 暫時固定，彩色釘跟接著劑併用
- 天花板底層木材
- 椴木合板ⓣ4
- ・有時得用頭來支撐
- 如果一個人作業可以準備支柱

　鋪設天花板對外行人來說，是相當辛苦的作業。可以的話，最好是在計劃的時候，採用不必鋪設天花板的設計。我之所選擇鋪設天花板，是為了追求造型上的美觀。沒想到作業起來會是如此的辛苦。

　天花板使用厚度4mm的椴木合板。跟石膏板（9.5mm厚）相比，重量相當的輕，作業起來應該也比較輕鬆。自己蓋房子，天花板要使用比較輕的材料，這將是成功的關鍵。

　鋪設天花板，自己一個人也能進行，但兩個人會更有效率，讓作業的速度提升到2倍以上。

❶標上墨線。在房間中央標上墨線來當作基

重點
以天花板中央
3mm的接縫為基準

準。我預定將縫隙擺在天花板的中央，所以順著這條線來進行標示。

❷在導引用的木板的幫助之下，用圓鋸機切割椴木合板。就算用3×6尺來訂購材料，也不一定是精準的915×1,825mm。差不多都是914、915×1,825mm左右。底層會以910mm的間隔來裝設，要配合這點來進行切割。

❸試著將切割好的椴木合板拼在一起。如果是1～2mm的誤差，可以用刨刀來調整。但只能用刨刀處理縫隙的那面（側面切口）。

　再次確認墨線的位置，塗上木工用的接著劑來貼上。

❹作業的當時，剛好有借到電動釘槍，所以

重點
用導引板讓圓鋸機
正確的進行切割

鋪上天花板，可以的話最好找個人來幫忙。
選擇重量較輕的材料，也是成功的秘訣。

只有中央縫隙的部分用刨刀處理。如果將其他部分也
削過，膠合板將無法順利貼合在一起。

我家的室內天花板，會直接成為屋簷的天花板。在這
個階段要連同屋簷天花板一起施工。

用此來進行固定。沒有的話，要釘上暫時固
定用的釘子。使用彩色釘子，可以防止事後
忘了將釘子拔掉。

如果對釘子頭感到在意，可以塗上暗色系
的油性著色劑，比較不會引人注目。

❺重複❸跟❹的步驟。一邊作業，一邊確認
交接處的縫隙是否為筆直。牆壁還沒有做好
的部分，天花板跟牆壁的交接處多少有點縫
隙也沒關係，到時只要貼上牆板，縫隙就會
被遮住。

❻鋪上椴木合板之後，要塗上透明塗料來當
作最後的表面。一般會用油漆刷來塗佈，但
容易出現不均勻的部分，塗料也容易滴落，
我是讓塗料滲入手套來抹上去。

●椴木合板／表面貼上椴木薄片的膠合板。表面亮麗，也被用來當
作最後完工的表面。　●油性著色劑（Oil Stain）／用在室內外之木
材的塗料，不會形成塗膜，用滲透來著色。

夫妻兩人一起作業
可以增進感情？

「那邊幫我扶著」

雖然還是會幫我扶著，但因為是
天花板的作業，手臂已經是酸到不
行，作業的速度也無法提升。伙伴
對於只當配角這件事，似乎感到不
小的壓力。這種心情當然也會影響
到作業內容。

「你要對準墨線哦」

「我扶好了啦」

既然都這樣講，只好相信真的有
對準，把釘子釘下去，第一片終於
裝好。但重新檢查，卻發現沒有對
準墨線。如果誤差太大，以後的板
子會持續歪下去，跟底層對不上。

「扶的時候要好好看著嘛」

「我有看啊」

「當然是沒有看好才會歪掉啊」

氣氛變得越來越僵硬。必須拆
掉重做，我的心情當然也好不到哪
去。真不知道該將矛頭指向哪裡。

世面上都說，夫妻如果能共享苦
樂，兩人之間會有更進一步的理
解，感情也能變得更好。但現場的
氣氛卻是險惡到讓人覺得，不可能
有那種事情。

可以的話最好是分開來作業，以
免去惹到不必要的麻煩。今天的晚
餐我來煮好了，這是那天所得到的
教訓。

39 | 裝設門窗的外框

必要的
工具跟
材料

□杉木板（25mm厚、其他）　□衝擊起子　□桌上型的滑動式圓鋸機　□手鋸
□粗牙螺紋的螺絲（65mm）　□聚氨酯類接著劑

■圖1　組裝外框的材料

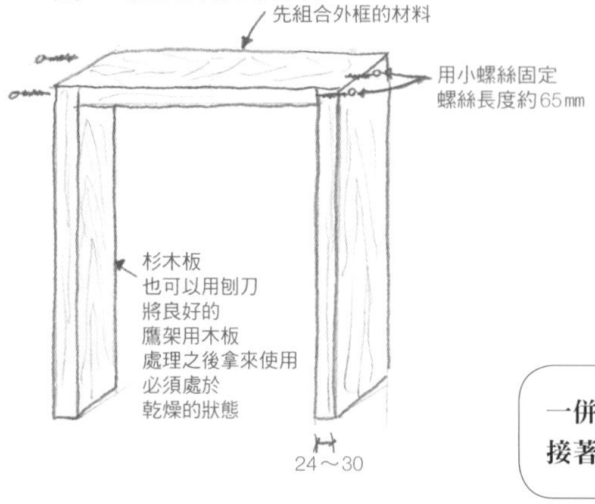

先組合外框的材料

用小螺絲固定
螺絲長度約65mm

杉木板
也可以用刨刀
將良好的
鷹架用木板
處理之後拿來使用
必須處於
乾燥的狀態

24～30

■圖2　裝設外框

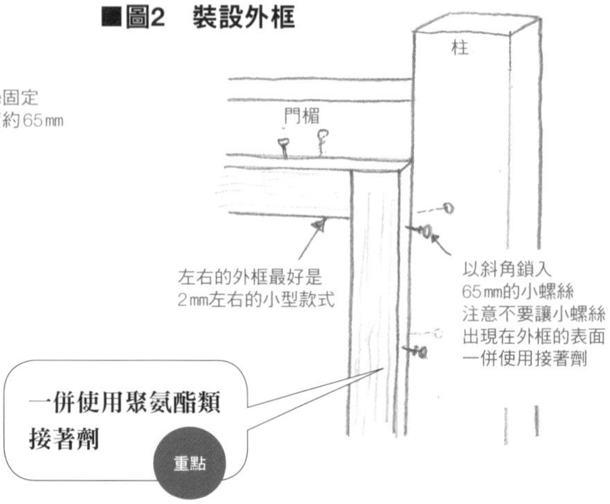

柱

門楣

左右的外框最好是
2mm左右的小型款式

以斜角鎖入
65mm的小螺絲
注意不要讓小螺絲
出現在外框的表面
一併使用接著劑

> 一併使用聚氨酯類
> 接著劑　**重點**

裝設窗戶跟室內門板的外框。我家要裝設室內門框的部位，只有2個寢室跟浴室的出入口。廁所跟更衣間的出入口會塗上熟石膏，因此不用裝上外框。基本上有裝也沒關係，在此以降低成本跟縮短作業時間為優先。

❶外框使用24～30mm的杉木。測量尺寸，用桌上型的滑動式圓鋸機來切割。

❷組裝切好的外框材料，用小螺絲來進行固定（圖1）。

❸將組裝好的外框拿到現場，一邊測量水平跟垂直一邊裝上。從柱子一方以斜角來鎖上小螺絲。門楣一方也鎖上螺絲，將門框拉緊（圖2）。

如果柱子跟門楣的水平或垂直出現誤差，可以塞入墊片來進行調整。可以接受的範圍在2mm以內。

●吊掛式軌道（Hanger Rail）╱裝在天花板或鴉居（門窗上框）上面，吊掛式的拉門軌道。　●拉門滑輪╱裝在拉門下方，讓可以順利開關的小輪子。　●門弓器╱為了避免門開得太開，限制門的動作的金屬零件。

■圖3　門窗外框與鉸鍊的位置

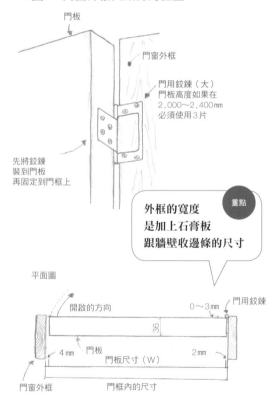

門板

門窗外框

門用鉸鍊（大）
門板高度如果在
2,000～2,400mm
必須使用3片

先將鉸鍊
裝到門板
再固定到門框上

> 外框的寬度
> 是加上石膏板
> 跟牆壁收邊條的尺寸　**重點**

平面圖

開啟的方向

0～3mm

36

門用鉸鍊

4mm　門板

2mm

門窗外框

門板尺寸（W）

門框內的尺寸

把窗戶外框、門板外框裝到建築物上。
隨著用途不同，作業內容也會有些許的變化。

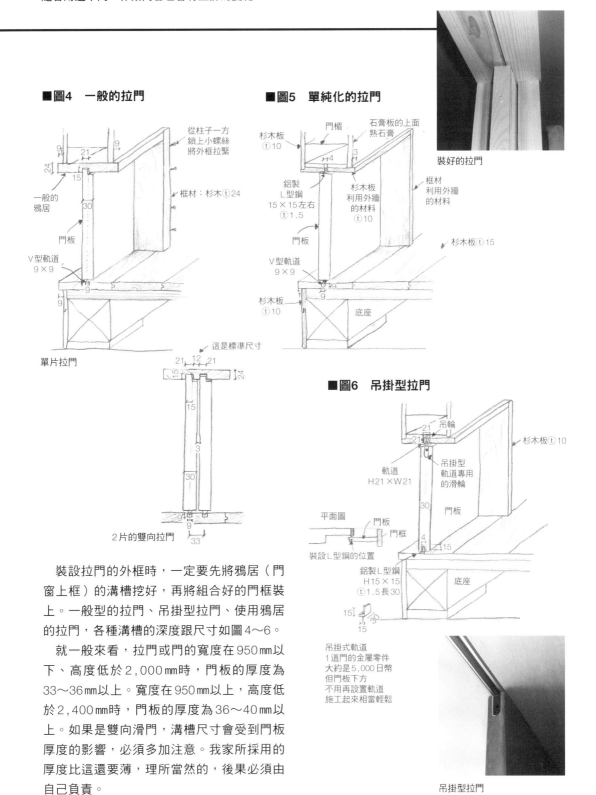

■圖4　一般的拉門

從柱子一方
鎖上小螺絲
將外框拉緊

框材：杉木ⓣ24

一般的
鴉居

門板

V型軌道
9×9

單片拉門

這是標準尺寸

2片的雙向拉門

■圖5　單純化的拉門

門楣

石膏板的上面
熟石膏

杉木板
ⓣ10

鋁製
L型鋼
15×15左右
ⓣ1.5

杉木板
利用外牆
的材料
ⓣ10

門板

V型軌道
9×9

杉木板
ⓣ10

底座

框材
利用外牆
的材料

杉木板ⓣ15

裝好的拉門

■圖6　吊掛型拉門

吊輪

杉木板ⓣ10

軌道
H21×W21

吊掛型
軌道專用
的滑輪

門板

平面圖

門板

門框

裝設L型鋼的位置

鋁製L型鋼
H15×15
ⓣ1.5長30

底座

吊掛式軌道
1道門的金屬零件
大約是5,000日幣
但門板下方
不用再設置軌道
施工起來相當輕鬆

吊掛型拉門

　　裝設拉門的外框時，一定要先將鴉居（門
窗上框）的溝槽挖好，再將組合好的門框裝
上。一般型的拉門、吊掛型拉門、使用鴉居
的拉門，各種溝槽的深度跟尺寸如圖4～6。

　　就一般來看，拉門或門的寬度在950mm以
下、高度低於2,000mm時，門板的厚度為
33～36mm以上。寬度在950mm以上，高度低
於2,400mm時，門板的厚度為36～40mm以
上。如果是雙向滑門，溝槽尺寸會受到門板
厚度的影響，必須多加注意。我家所採用的
厚度比這還要薄，理所當然的，後果必須由
自己負責。

實際動工之前

第1個月

第2個月

第3個月

第4個月

第5個月

第6個月

40 | 鋪設石膏板

必要的
工具跟
材料

□石膏板（12.5mm厚、V型邊）　□手鋸　□軍刀鋸　□石膏板銼刀
□美工刀　□尺　□石膏板螺絲　□衝擊起子

■圖1　分配石膏板

石膏板的運用
要非常小心

重點

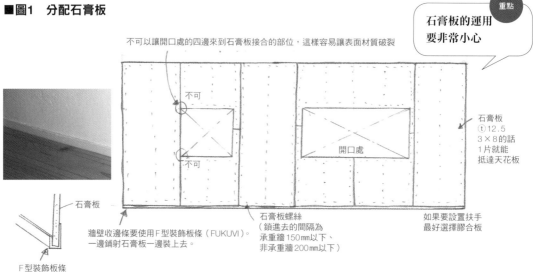

不可以讓開口處的四邊來到石膏板接合的部位，這樣容易讓表面材質破裂

不可

不可

開口處

石膏板
12.5
3×8的話
1片就能
抵達天花板

石膏板

牆壁收邊條要使用F型裝飾板條（FUKUVI）。
一邊鋪射石膏板一邊裝上去。

F型裝飾板條

石膏板螺絲
（鎖進去的間隔為
承重牆150mm以下、
非承重牆200mm以下）

如果要設置扶手
最好選擇膠合板

差不多要進入後半段。來到這個地步，應該某種程度的掌握木工作業的感覺。確實將尺寸量好，減少需要修正的部位，就能增加一天所能鋪設的面積。重要的是能否量出正確的尺寸。

用來當作最後修繕之表面的底層，石膏板選擇厚12.5mm、3×8尺、V型邊（倒角）的Bevel Edge。更衣間要鋪設防水性較高的石膏板。

石膏板的兩面，貼有保護用的紙，本體比想像中要來得脆弱，轉角部位一不小心就會破損。在搬運的時候要充分注意。

❶測量牆壁的尺寸（柱子中心之間的距離、地板到天花板的高度）。按照量好的尺寸，像上圖這樣來分配石膏板（圖1）。

❷石膏板的加工方式如右頁插圖所顯示。必須用手鋸或美工刀來切割（圖2、圖3）。

❸切過的部位，要將石膏板銼刀平放上去來磨乾淨（圖4）。

❹石膏板之間接合的部位，一定要製作倒角。用美工刀切5mm左右（圖5）。

❺插座跟開關等配線所需的開口處，用軍刀鋸來挖開。

❻鎖上小螺絲。承重牆的間隔為150mm以下、非承重牆則是用200mm以下的間隔來鎖上螺絲。但要注意螺絲不可以太過深入。大約是石膏板表面的紙不會破掉的程度。

必須留下
給電線用的
開口處

重點

重複這些步驟，大致上的工程在4天左右就可以完成。扶手、固定式家具、捲筒衛生紙架等設備的底層，最好是使用膠合板。另外也必須事先想好它們的位置。

●Bevel Edge／石膏板按照邊緣的造型，分成Taper Edge、Bevel Edge、Square Edge等3種類型，要配合表面來選擇自己需要的類型。

把石膏板鋪到牆壁上。石膏板比想像中要來得脆弱，作業時必須充分的注意。
量出正確的尺寸來進行作業。

石膏板的加工方式

■圖2　用手鋸切割的場合

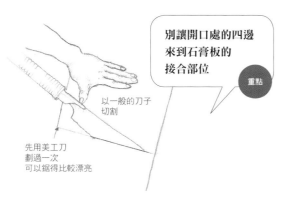

別讓開口處的四邊
來到石膏板的
接合部位

重點

以一般的刀子
切割

先用美工刀
劃過一次
可以鋸得比較漂亮

■圖4　把切面磨乾淨

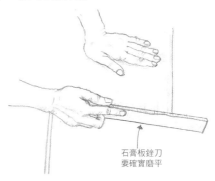

石膏板銼刀
要確實磨平

■圖5　製作倒角

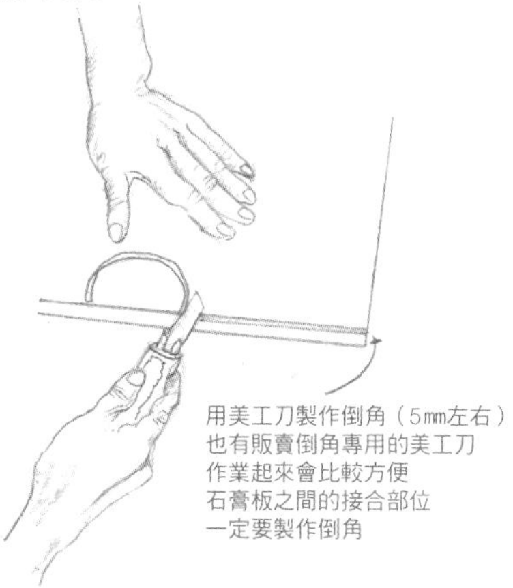

用美工刀製作倒角（5mm左右）
也有販賣倒角專用的美工刀
作業起來會比較方便
石膏板之間的接合部位
一定要製作倒角

■圖3　用美工刀切割的場合

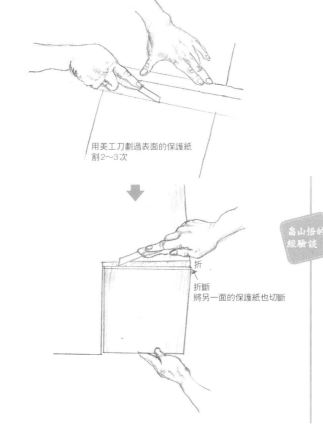

用美工刀劃過表面的保護紙
割2～3次

折

折斷
將另一面的保護紙也切斷

偷工減料
吃虧的只是自己

畠山悟的
經驗談

　　石膏板與石膏板相接的部分，最後會用
油灰填平。表面看起來相當漂亮，心中覺
得「應該可以了吧」，結果卻在最後修繕
的時候裂開。

　　多少有點縫隙，粗線條的自己也不會特
別在意，就這樣持續作業下去。結果連塗
上去的熟石膏也跟著出線裂痕。像這樣子
偷工減料，到頭來吃虧的還是自己。請務
必要謹慎的做好每一個步驟。

實際動工之前

第1個月

第2個月

第3個月

第4個月

第5個月

第6個月

馬拉松跟蓋房子
很類似

　　我每年會參加一次馬拉松。速度一點都不快，用4～5個小時跑完42.195km的距離。

　　開跑之前會去幻想終點是什麼樣子，充滿氣勢的踏出第一步。跑個10km、20km之後，疲勞漸漸累積，讓腳越來越抬不起來。到了30km的時候，會自問自答的持續問自己「為什麼要這樣自找苦吃」，讓人想要就此放棄。一想到終點還位在遙不可及的遠方，就讓人幾乎要暈倒，乾脆就這樣停下來。為了踏出眼前這一步卯足全力，使出所有的一切，最後終於抵達終點。此時心中湧出的達成感、充實感，讓所有一切辛苦都得到回報。自己就是為了這一瞬間而奔馳。

　　蓋房子在一開始，也是充滿氣勢的開始動手。心中感到無比的興奮，想著預定完成的景象，一直線的往前衝出去。但這份熱忱會隨著時間經過，變得越來是低落。覺得「我為什麼要這麼辛苦」，想要就這樣放棄，或是交給別人去處理。距離完成太過遙遠，只能腦袋放空的切割眼前的木板，一片一片的裝上去。

　　就這樣來看，蓋房子跟馬拉松的原動力，似乎沒有太大的差別。我覺得跑馬拉松的人，應該也能自己蓋房子才對。

　　以Self-Build的方式蓋房子的時候，心中浮現「我為什麼這麼辛苦自己蓋房子啊」的想法時，出現「因為眼前有一棟沒有完成的房子」這個似曾相識的回答，臉上忍不住露出害羞的笑容。

設備工程
到修繕、完工

越來越像一個家
心情也越來越快樂

實際動工之前

第1個月

第2個月

第3個月

第4個月

第5個月

第6個月

41 | 製作廚具

必要的
工具跟
材料

□桌上型的滑動式圓鋸機　□圓鋸機　□手鋸　□衝擊起子　□鐵鎚　□鋁箔膠帶　□填縫膠
□填縫槍　□小螺絲　□底層材料　□PVC專用鋸　□銼刀　□接著劑　□廚房作業台頂板
□水龍頭的金屬零件　□止水閥　□止水膠帶

■圖1　廚房正面外觀圖

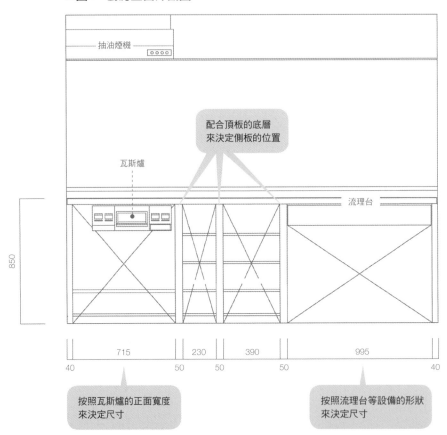

抽油煙機

配合頂板的底層
來決定側板的位置

瓦斯爐

流理台

850

715　　230　　390　　　995
40　　50　　50　　50　　40

按照瓦斯爐的正面寬度
來決定尺寸

按照流理台等設備的形狀
來決定尺寸

決定廚具整體的造型

　　系統廚具，給人方便又豪華的感覺。抽屜式的收納、銳角性的造型……，購買系統廚具，應該可以給人相當程度的滿足感，價位方面也是有高有低，任人挑選。其中甚至有相當於我家總預算的廚具，讓人非常的吃驚。但如果要真正的滿足，最好還是自己動手打造。要是製作出來的感覺較為雜亂，也能自己思考跟改良。雖然稱不上是高級，卻擁有獨自的味道。

　　對於常常自己動手下廚的我來說，要實現舒適的生活，廚具佔有相當重要的地位。但沒有必要是那種豪華到不實用的設備，太過寬敞的話效率也不好。

　　為了滿足這個需求而想出來的，是作業台頂板長度2,550mm×深650mm×高850mm的廚具。廚具後方的走道寬度為1,000mm。考慮到2個人進出、開冰箱的方便性，這樣已經很充分。沒有烤箱也沒有洗碗機，精簡又容易使用（圖1）。

製作屬於自己風格的精簡型廚房。

購買廚具的頂板跟廚房設備,加上剩餘的壁材,製作起來並不會太難。

抽油煙機較重,裝設的時候必須充分的小心。

■圖2　廚房剖面圖

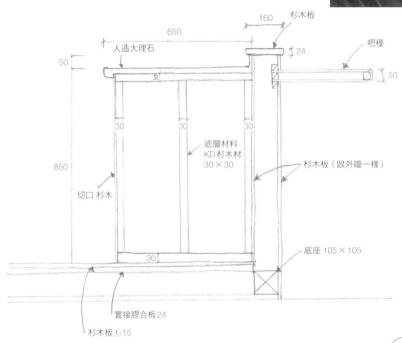

打造廚具的方式

廚具的材料,透過網路向附近的設備行購買。換氣扇(抽油煙機)是多翼式送風機(Sirocco Fan),高度為200㎜的款式。作業台的頂板,是長2,550㎜的人造大理石。瓦斯爐是跟系統廚具一樣的3口式。流理台是單一水槽、水龍頭是單一手把的冷熱水混合型。這些全都按照附贈的使用說明來裝設。把這些設備裝到結構的骨架上,頂板下方的收納則是自己動手打造。這種規模的廚具,

大約2天就能完成。

❶首先把換氣扇裝上。如果先裝其他設備,有可能會讓換氣扇受損。裝設的作業最好是兩個人來進行,可以請前來關心的人幫忙一下。

❷標上墨線。配合廚具頂板的高度、頂板底層的位置,來決定側板的位置跟尺寸(圖2)。

❸用30×30㎜的木材,製作直框。

❹把廚具的頂板(附帶水槽)放到❸的直框,鎖上小螺絲來拉緊。

> 裝設通風管
> 跟換氣扇的部分
> 別忘了纏上
> 鋁箔膠帶
>
> 重點

實際動工之前

第1個月

第2個月

第3個月

第4個月

第5個月

第6個月

■圖3　組裝廚具

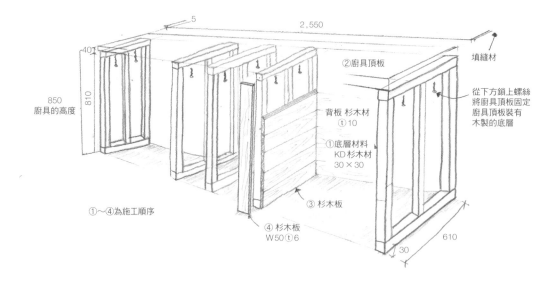

5

2,550

40

810

②廚具頂板

填縫材

850
廚具的高度

背板 杉木材
ⓣ10

從下方鎖上螺絲
將廚具頂板固定
廚具頂板裝有
木製的底層

①底層材料
KD杉木材
30×30

①～④為施工順序

③ 杉木板

④ 杉木板
W50ⓣ6

30

610

■圖4　裝設櫃板

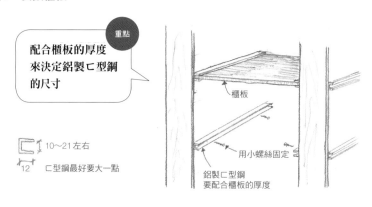

重點

配合櫃板的厚度
來決定鋁製ㄷ型鋼
的尺寸

櫃板

用小螺絲固定

10～21左右

12　ㄷ型鋼最好要大一點

鋁製ㄷ型鋼
要配合櫃板的厚度

❺把外牆剩下來的杉木板，當作側板來裝上。

❻在直框的木頭切口，貼上寬50mm的杉木板。

❼在木材的部分進行塗裝，我選擇的是透明塗料。

❽裝設水龍頭的金屬零件（參閱下一頁）。

❾裝上瓦斯爐。

❿在頂板跟牆壁磁磚的縫隙（貼好磁磚再來進這個步驟以後的部分），頂板跟對面吧檯的接合部位貼上紙膠帶，擠上填縫膠來將縫隙填滿。

⓫裝上櫃板，托座使用鋁製的ㄷ型鋼。我在櫃板使用防水的MDF（中密度纖維板），結果卻出現彎曲。可以的話，最好是使用表面為硬化樹脂的木心板。當然也可以使用無垢材的木板，按照自己的喜好來選擇（圖4）。

●多翼式送風機（Sirocco Fan）／抽油煙機風扇的一種，可以透過管線來自由的決定排氣方向。跟使用螺旋槳扇葉的風扇型機具相比，比較不受室外空氣流動的影響。　●MDF（中密度纖維板）／以木質纖維當作原料的成型板。　●木心板（Lumber Core Veneer）／將尺寸較小的方木條集合成板狀，兩面貼上椴木或龍腦香木，表面鋪上聚酯膠合板的膠合板，擁有3層構造。　●止水閥／水龍頭以外，用來將自來水止住的閥門。

■圖5　裝設水龍頭的金屬零件

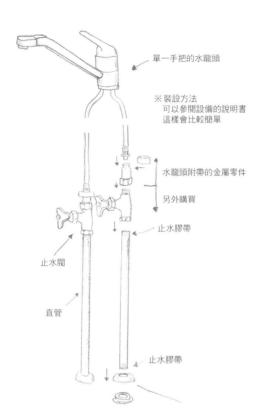

單一手把的水龍頭

※裝設方法
可以參閱設備的說明書
這樣會比較簡單

水龍頭附帶的金屬零件

另外購買

止水膠帶

止水閥

直管

止水膠帶

確實纏繞上止水膠帶，防止漏水

為了避免出錯
等頂板實際
送到之後
再來施工　重點

裝設水龍頭的金屬零件

　把水龍頭裝到水槽上。跟地板延伸出來的冷水管、熱水管連接在一起。
❶跟止水閥還有地板延伸上來的管線相連。不要忘了在連接的部分纏上止水膠帶（參閱照片）。
❷確實檢查有沒有漏水的部位。
　另外，供水管跟熱水管的工程，只有行政單位所指定的專門業者才能進行。我是在指定業者的監督之下，一起進行作業。

外行人也能打造
高品味的裝潢

畠山悟的
經驗談

　第一次打造住宅，會讓人想要在各種地方特別的下功夫。這個想要，那個也想要。但如果全都實現的話，會讓房子充滿各式各樣的雜物，形成雜亂的感覺。其實只要掌握一些秘訣，就能讓裝潢得到清爽的氣氛。

●減少表面材質的種類

　盡量只用3～4種的材料，來處理所有的表面。將各個房間的表面材質統一。拿別人多餘的材料來用在自己的家中，失敗機率非常的高。因為再怎麼弄出來，也不可能多到足夠給一整棟房子使用。

●整合成3種顏色

　如果預定擺設家具，則更要減少表面顏色的種類。以同色系來進行整合，失敗的機率會比較低。

●門窗要精簡

　對於門窗，許多人都會花費比較多的心思。我認為門窗將決定一棟住宅的好壞。我喜歡沒有裝飾、構造精簡的造型，因此以紙門為中心來進行整合。

實際動工之前

第1個月

第2個月

第3個月

第4個月

第5個月

第6個月

42 | 鋪設磁磚

必要的
工具跟
材料

□馬賽克磁磚　□接縫用的水泥　□磁磚用接著劑　□膠水用的梳子狀抹刀　□橡膠鏝刀
□墨斗　□衝擊起子　□衝擊起子用的攪拌器

■圖1　塗上接著劑

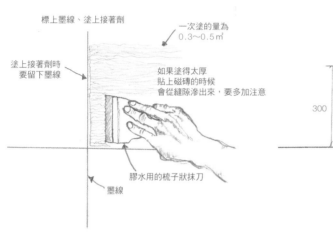

標上墨線、塗上接著劑

一次塗的量為
0.3～0.5㎡

塗上接著劑時
要留下墨線

如果塗得太厚
貼上磁磚的時候
會從縫隙滲出來，要多加注意

膠水用的梳子狀抹刀

墨線

■圖2　貼上馬賽克磁磚

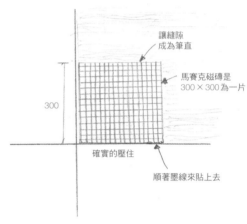

讓縫隙
成為筆直

馬賽克磁磚是
300×300為一片

300

確實的壓住

順著墨線來貼上去

選擇磁磚的時候，我考慮了很長一段時間。索取樣品發現質感不喜歡，換別的樣品發現色澤不好，結果煩惱了好久。想東想西的繞了一大圈，才決定使用最為保險的灰色馬賽克磁磚。太過特殊，反而容易看膩。

我家鋪設磁磚的部分，是廚房瓦斯爐旁邊的牆壁，跟廁所收納的部分。底層為石膏板，使用大約10mm×10mm的馬賽克磁磚。

❶標出墨線。一邊分配磁磚，一邊用墨斗標出水平跟垂直。分配磁磚的時候，盡量不要去分割磁磚，這樣在作業時將省下不少的麻煩。切割磁磚需要專用的道具。而馬賽克磁磚的最小單位是一片300mm×300mm，沒有必要進行切割，使用起來相當的方便。

❷把專用的接著劑（可以在日用品中心買到）塗在底層。一邊留下❶所標上的墨線，一邊用梳子狀的抹刀來塗上、推平。還不習慣的時候，一次塗上0.3～0.5㎡的範圍就好（圖1）。

❸把片狀的馬賽克磁磚貼上去。此時要注意整體的縫隙是否有對準。另外，如果

> **重點**
> 沒有要鋪磁磚的牆壁貼上紙膠帶來進行保護

> **重點**
> 夏天施工的時候要盡量縮小一次塗上接著劑的面積

鋪設廚房與廁所的磁磚。

雖然使用施工較為簡單的馬賽克磁磚，卻在完成之後，發現整體的縫隙沒有呈現筆直。

■圖3　將縫隙填平

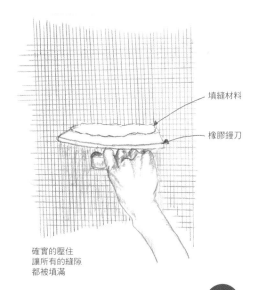

填縫材料

橡膠鏝刀

確實的壓住
讓所有的縫隙
都被填滿

■圖4　將縫隙多餘的水泥擦掉

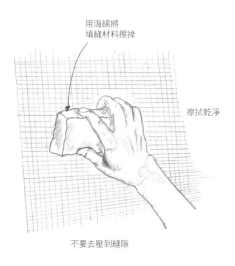

用海綿將
填縫材料擦掉

擦拭乾淨

不要去壓到縫隙

重點

趁接著劑還沒乾
的時候擦拭

接著劑從縫隙之間溢出來，一定要擦拭乾淨（圖2）。

❹放置1天，拿填縫隙用的水泥將磁磚的縫隙填滿。縫隙用的水泥要跟水混合，一開始很難攪拌，讓人有點擔心。但千萬不可以因此就加太多的水。倒入規定的份量耐心攪拌，會在某個階段突然混合在一起。

❺將縫隙用的水泥塗上，將磁磚的縫隙填平。拿起橡膠的鏝刀，把縫隙用的水泥塗到整個磁磚上面。鋪有磁磚的牆壁與廚具交接的部位，等一下要用填縫膠將縫隙填平，因此不用塗上水泥（圖3）。

❻縫隙填好之後，準備水桶跟水，用海綿將磁磚表面的水泥擦掉。注意不可以擦過頭，讓縫隙的水泥也跟著變薄。水泥乾燥的速度相當快，特別是在夏天，作業時動作要迅速（圖4）。

雖然相當努力，但我家磁磚的縫隙還是沒有成為筆直，給人「一看就知道是外行人弄的」的感覺。縫隙有如波浪一般的扭曲，讓人以為是用大海當作主題的現代藝術。看著扭曲的縫隙，不光是視線，感覺連腦袋也跟著晃了起來。

實際動工之前

第1個月

第2個月

第3個月

第4個月

第5個月

第6個月

43 | 浴室工程

必要的
工具跟
材料

□耐水膠合板（12mm厚）　□防水布　□防濕膠帶　□小螺絲（38mm）　□衝擊起子　□美工刀
□圓鋸機　□軍刀鋸　□底漆　□FRP樹脂　□FRP硬化劑　□玻璃纖維氈　□丙酮（去污）
□FRP用滾筒　□美工刀　□口罩

■圖1　浴室外觀圖

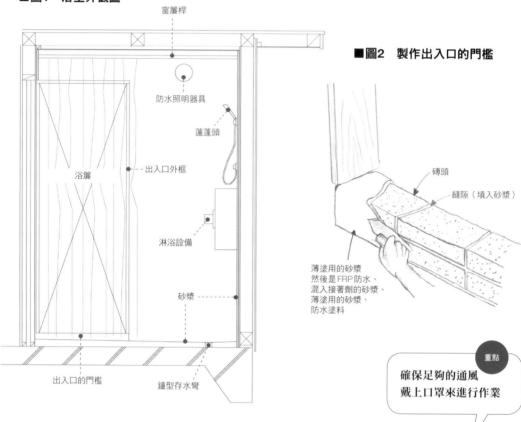

窗簾桿

防水照明器具

蓮蓬頭

出入口外框

浴簾

淋浴設備

砂漿

出入口的門檻

鐘型存水彎

■圖2　製作出入口的門檻

磚頭

縫隙（填入砂漿）

薄塗用的砂漿
然後是 FRP 防水、
混入接著劑的砂漿、
薄塗用的砂漿、
防水塗料

重點

確保足夠的通風
戴上口罩來進行作業

我家的浴室只有淋浴

仔細想想自己的生活，1年下來幾乎每天都是用淋浴的方式。既然如此，浴室只有淋浴設備就行。節省下來的空間可以轉給更衣間，用來放置洗衣機跟毛巾、衣物的收納等等。這種構造相信會更加的方便、合理。

首先介紹我家的浴室工程。之後再來說明如果要裝浴缸，應該怎樣施工。

製作底層與FRP防水

對浴室來說，最重要的是防水機能。其中

的核心是 FRP 防水工程。添加玻璃纖維的強化塑膠味道很重，玻璃纖維氈刺的感覺也讓人作業起來相當難受，必須格外的小心謹慎。

❶確認供水、排水管的位置。

❷在地板的排水口裝設鐘型存水彎。裝設的時候必須形成可以讓水流動的斜面，一邊注意這點一邊調整高度。

❸為了避免浴室的水流到更衣間，要在浴室的入口裝設門檻。可以全部都用砂漿來製作，但準備大量的砂漿相當麻煩，我選擇先堆上磚頭，然後將砂漿塗在表面的方式（圖2）。

製作浴室。按照我自己的生活形態，選擇只有淋浴設備的浴室，
另外也介紹如何製作設有浴缸的浴室。最重要的是防水。

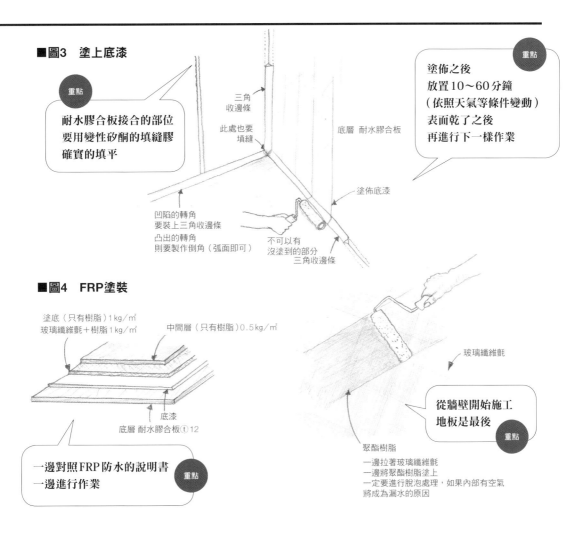

■圖3　塗上底漆

重點

耐水膠合板接合的部位
要用變性矽酮的填縫膠
確實的填平

三角
收邊條

此處也要
填縫

底層 耐水膠合板

重點

塗佈之後
放置10～60分鐘
（依照天氣等條件變動）
表面乾了之後
再進行下一樣作業

塗佈底漆

凹陷的轉角
要裝上三角收邊條
凸出的轉角
則要製作倒角（弧面即可）

不可以有
沒塗到的部分
三角收邊條

■圖4　FRP塗裝

塗底（只有樹脂）1kg／㎡
玻璃纖維氈＋樹脂 1kg／㎡

中間層（只有樹脂）0.5kg／㎡

玻璃纖維氈

底漆

底層 耐水膠合板（t）12

從牆壁開始施工
地板是最後

重點

一邊對照FRP防水的說明書
一邊進行作業

重點

聚酯樹脂

一邊拉著玻璃纖維氈
一邊將聚酯樹脂塗上
一定要進行脫泡處理，如果內部有空氣
將成為漏水的原因

❹為了鋪設牆壁的膠合板，要先裝設底層。
❺用釘槍在這上面鋪上防濕布（跟基礎工程同樣的材質）。防濕布的交接處一定要用防水膠帶固定，以免濕氣進入牆壁或天花板。
❻在牆壁鋪設耐水膠合板。（要領跟116頁的石膏板相同）在轉角裝上三角收邊條※。
❼供水跟排水的工程，要一邊鋪設膠合板一邊進行。
❽天花板鋪設強化纖維水泥板（Flexible Board）。我雖然是選擇這種產品，但只要具備耐水性，都可以用來鋪設天花板。
❾為了讓FRP防水可以附著上去，要塗上專用的底漆（圖3）。

❿在牆壁跟地板塗上FRP樹脂，在表面鋪上玻璃纖維氈。重疊層次的順序如圖4所顯示。

　鋪上玻璃纖維氈，然後塗上FRP的時候，別忘了將內部的空氣擠壓出去。如果沒有這樣做，日後將會造成漏水。

⓫等❾乾了之後，再次塗上FRP樹脂來當作中間層。

為了避免產生氣泡，
一定要用滾筒
確實的將空氣擠出

重點

※三角收邊條：灌混凝土時，為了讓角落形成45度的倒角或圓弧，而裝設的木條。

實際動工之前

第1個月

第2個月

第3個月

第4個月

第5個月

第6個月

<table>
<tr><td>必要的
工具跟
材料</td><td>□混入接著劑的砂漿（陽離子型塗料）　□薄塗用的砂漿（Highmoru（ハイモル／昭和電工建材的產品））
□防水膠帶　□砂漿用底漆　□鐘型存水彎（φ100×50mm）　□砂漿疏水劑　□不鏽鋼鏝刀
□砂漿板（132頁）　□水桶　□衝擊起子用的攪拌器</td></tr>
</table>

■圖5　浴室內部詳細圖

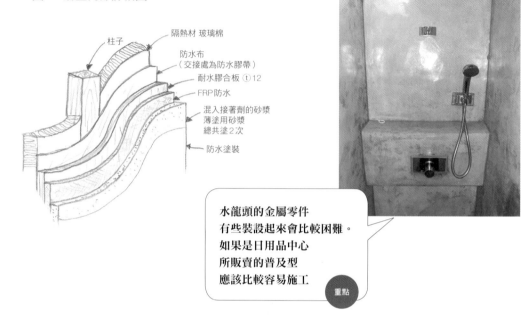

柱子

隔熱材 玻璃棉

防水布
（交接處為防水膠帶）

耐水膠合板 ⓣ12

FRP防水

混入接著劑的砂漿
薄塗用砂漿
總共塗2次

防水塗裝

> 水龍頭的金屬零件
> 有些裝設起來會比較困難。
> 如果是日用品中心
> 所販賣的普及型
> 應該比較容易施工
>
> 重點

砂漿的表面處理

　防水的結構製作好了之後，要用砂漿來製作最後的表面。像圖5這樣一層一層的重疊上去。

❶FRP防水的上面，在地板跟牆壁塗上約3mm厚的混入接著劑的砂漿。

❷再塗上一層來重疊，此時如果使用薄塗用的砂漿，作業起來或許會比較容易。

❸決定地板的高度來標上墨線。往存水彎一方形成約1/50的傾斜。

❹把砂漿倒到土間。用尺來順著墨線倒入。1個小時或2個小時後（依照砂漿的水分與季節變化），再用鏝刀塗抹均勻。

❺凹陷的轉角、框架與砂漿接合的部位，要用填縫膠來填平。如果鋪設磁磚的話，則在磁磚鋪好之後填縫。

❻塗上砂漿疏水劑。

❼裝設水龍頭的金屬零件。

只是擺上浴缸的浴室

　一定有人覺得，無論如何都想要有浴缸、浴室希望可以寬敞一點。如果要正式的製作設有浴缸的浴室，工程的難度將會提高許多，在此介紹工期較短、難度較低，Self-Build也可以輕鬆完成的浴室。

　這間浴室的天花板跟腰部以上的牆壁，是鋪設木板。腰部以下的牆壁跟地板，則是使用砂漿。完成之後只要將浴缸擺上就好。擺設型的浴缸可以透過網路來購買，訂購之前請先確認尺寸。

> 請先確認浴室跟更衣間的入口尺寸
> 以及浴缸的搬運路線
> 確保浴缸可以順利搬到浴室內、
>
> 重點

防濕布

利用外牆剩下的材料

防濕布
胴緣
18×45

FRP

杉木 ⓣ10（外牆剩餘的材料）

耐水膠合板 ⓣ12

木材24×35

用防水膠帶
將防濕布固定

FRP

混入接著劑的砂漿上面
是薄塗用的砂漿，以此
當作表面。也可以在這
上面鋪上磁磚

用砂漿當作表面。
也可以在這上面
鋪上磁磚

土間的混凝土

鋪板

擺上現成的浴缸

1,000

❶一直到FRP施工的步驟為止，都跟之前的浴室工程相同。

❷底板土間的混凝土往上1m的高度，將是境界線。在這條線往上的牆壁跟天花板，要鋪上防濕布。防濕布接合的部位、FRP跟防濕布交接的部位，要貼上防水膠帶，以免濕氣滲透進去（圖6）。

❸在牆壁1m的高度，裝上24×35mm的木條來當作裝飾板條。

❹在裝飾板條的上方，以直的方向裝上18×45mm的胴緣。

❺在胴緣上面裝設用來當作牆壁表面的杉木板。這是利用外牆剩下來的材料。天花板一樣也鋪上杉木板。

❻在1m境界線以下的牆壁跟地板，塗上混入接著劑的砂漿與薄塗用的砂漿。

❼把砂漿倒到土間上面，整理均勻。

❽等砂漿乾掉之後，在地板跟牆壁的砂漿塗上疏水劑。

❾擺上網路購買的浴缸。

❿裝設水龍頭的金屬零件。

⓫在浴缸旁邊鋪上鋪板即可完成。

室內採用素面處理

畠山悟的
經驗談

　我家的各個部位，都是採用素面處理。土間直接是灌好的混凝土，客廳的牆壁跟外牆採用同樣的材質，完成之後給人較為粗獷的感覺。這種地方要是擺上亮麗的綜合式衛浴，感覺一定是很不搭調。決定以整合性為優先，還是由自己親手打造比較適合這棟房子。

　說老實話，此時荷包內已經沒有剩下多少，雖然已經有包含在預算之中，但還是相當吃緊。一邊用「最低限度的浴室，比較符合這棟住宅的風格」來說服自己，一邊動手來進行作業。

●FRP／將玻璃纖維加到塑膠等材料之中，藉此提高強度的複合性材料。　●砂漿／用砂（細骨材）、水泥、水攪拌而成的建材。
●三角收邊條／為了讓房間的角落形成倒角，在內凹的轉角釘上的小木條。　●底漆（Primer）／用來製作底層的塗料。　●玻璃纖維氈（Glass Mat）／用來當作FRP的芯材。　●鐘型存水彎（Bell Trap）／形狀有如吊鐘一般的存水彎。存水彎的內部會保留些許的水，以防止蟲子跟異味進入室內。　●填縫膠（Caulking）／為了提高建築的氣密性跟防水性，將縫隙填平的材料（或行為）。變性矽酮的填縫膠，是塗料容易附著的類型。

44 | 牆壁表面的底層處理

必要的
工具跟
材料
□油灰　□玻璃纖維膠帶　□紙膠帶　□Masker（遮蓋用膠膜）　□砂紙　□密封劑　□底漆
□水桶　□鏝刀　□砂漿板（132頁）　□衝擊起子　□衝擊起子用的攪拌器

■圖1　塗上熟石膏之前的保護措施　　　　**■圖2　轉角的底層用壁紙**

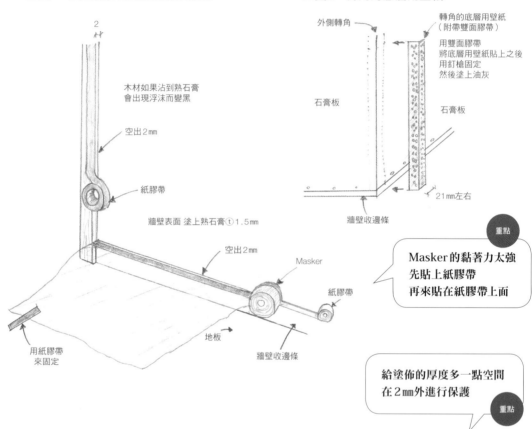

圖1 標示
木材如果沾到熟石膏會出現浮沫而變黑
空出2mm
紙膠帶
牆壁表面 塗上熟石膏ⓣ1.5mm
空出2mm
Masker
紙膠帶
地板
牆壁收邊條
用紙膠帶來固定

圖2 標示
外側轉角
轉角的底層用壁紙（附帶雙面膠帶）
用雙面膠帶將底層用壁紙貼上之後用釘槍固定然後塗上油灰
石膏板
石膏板
21mm左右
牆壁收邊條

> **重點**
> Masker的黏著力太強
> 先貼上紙膠帶
> 再來貼在紙膠帶上面

> **重點**
> 給塗佈的厚度多一點空間
> 在2mm外進行保護

保護措施

跟蓋房子本身沒有直接的關連，為了作業而進行的準備工作，總是比較容易讓人感到厭煩。蓋房子的時候這種作業比想像中的還要多，如果偷懶，成果也會跟著變差。就算無法馬上就看到成果，也不要嫌麻煩，一樣一樣的確實完成。

在牆壁塗上熟石膏之前，要先採取保護措施。在牆壁或天花板、牆壁收邊條、門窗外框、磁磚等交接處，貼上紙膠帶或Masker等保護用的材料。熟石膏的塗佈厚度大約是1mm，

貼上的時候要先想好這點。熟石膏如果沾到木板會出現浮沫而變黑，若想得到整潔的外觀，就一定要確實的做好保護（圖1）。

廚房在貼好Masker之後，還要用紙箱來蓋在表面，這樣就算有東西掉落也不會去傷到。

底層的處理

> **重點**
> 別因為是底層
> 就馬虎，要細心的完成

石膏板之間，或是石膏板跟模板的結合部位、釘子的痕跡等等，都必須進行前置處理。用不鏽鋼鏝刀將壁紙所使用的油灰塗上。結合部位則是貼上玻璃纖維膠帶。

在牆壁塗上熟石膏的前置作業。以覆蓋的方式來進行保護，並且將縫隙跟凹陷的部位填平。
雖然是很不顯眼的作業，如果能仔細的完成，最後所形成的表面也會不一樣。

■圖3　將油灰攪拌

衝擊起子用的
攪拌器

壁紙用的油灰
加水攪拌

■圖5　把縫隙的部分填平

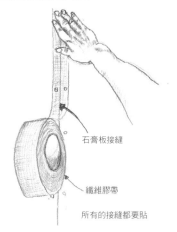

石膏板接縫

纖維膠帶

所有的接縫都要貼

■圖4　把洞填平

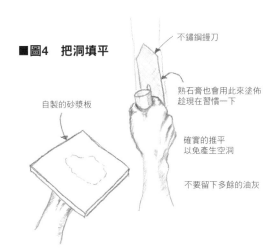

自製的砂漿板

不鏽鋼鏝刀

熟石膏也會用此來塗佈
趁現在習慣一下

確實的推平
以免產生空洞

不要留下多餘的油灰

■圖6　用砂紙磨平

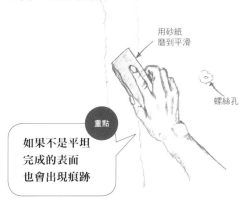

用砂紙
磨到平滑

螺絲孔

重點

如果不是平坦
完成的表面
也會出現痕跡

　雖然是相當瑣碎的作業，也請確實的完成。外側轉角，會貼上市面所販賣的轉角的底層用壁紙（圖2）。石膏板的角落容易受損，作業時要多加小心。

❶將油灰跟水混合攪拌（圖3）。
❷用油灰將所有的釘子痕跟接縫（一併使用玻璃纖維膠帶）填平（圖4、圖5）。
❸乾了之後，用砂紙稍微磨平（圖6）。
❹檢查是否有凹陷的部位，再一次的用油灰填平。
❺乾了之後用砂紙磨過。

油灰會隨著
時間縮水
要再次檢查

重點

❻模板的部分，要塗上密封劑（防浮沫塗料）。
❼整體表面變得平滑之後，用水將熟石膏專用的底漆稀釋後塗上。塗太多會傷到石膏板，請小心避免。

　雖然很細心的進行作業，但石膏板之間還是出現縫隙。只好用油灰再次填平。完成之後很可會出現裂痕。到了這個地步也只能嘆氣。

●Masker／附有膠帶的遮蓋用膠膜。　●玻璃纖維膠帶／適合用來修補板子的縫隙或小孔、裂痕的底層用膠帶。

實際動工之前

第1個月

第2個月

第3個月

第4個月

第5個月

第6個月

45 | 塗上熟石膏

必要的工具跟材料
□熟石膏　□衝擊起子　□衝擊起子用的攪拌器　□水桶　□鏝刀　□砂漿板
□口罩　□美工刀

■圖1　手工製作的砂漿板

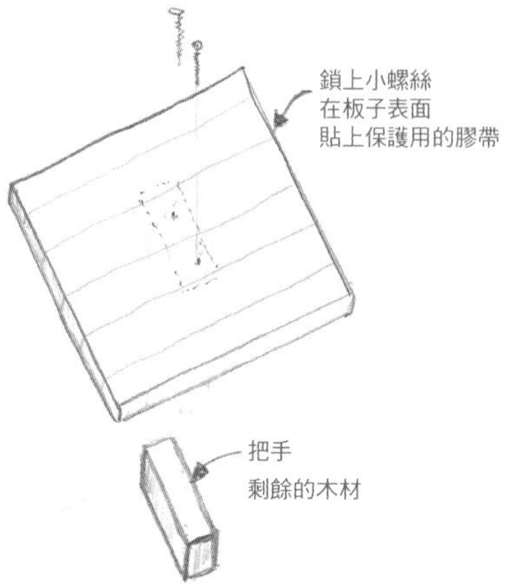

鎖上小螺絲
在板子表面
貼上保護用的膠帶

把手
剩餘的木材

■圖2　從左端開始

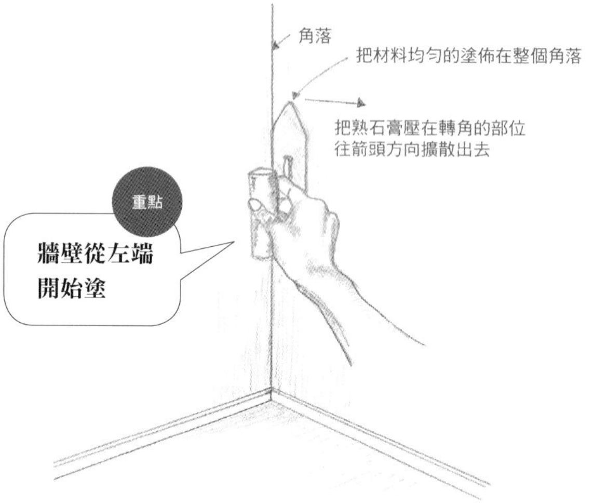

角落

把材料均勻的塗佈在整個角落

把熟石膏壓在轉角的部位
往箭頭方向擴散出去

重點
牆壁從左端
開始塗

　　終於要開始家中整體表面的作業。將熟石膏塗到牆壁上。

　　熟石膏比較容易塗佈，是Self-Build也能輕鬆使用的材料之一。就算外行人在塗抹的作業中留下某種程度的不均勻性，最後還是可以達到不錯的效果。況且在這之前的混凝土跟砂漿的作業之中，我們對於鏝刀的使用方式已經不再陌生，作業起來的速度應該也不會太慢。

　　熟石膏的工匠，常常會刻意留下不均勻的部分，但外行人如果模仿，會讓材料費增加到1.5倍左右。況且造型方面也不一定就會比較好，因此我並不推薦。

❶把鏝刀用的熟石膏加水攪拌。份量分別是水桶的一半左右，用裝上攪拌器的衝擊起子來進行混合。雖然也能自己拿棒子攪拌，但是要準備給一整間房子使用的份量，為了讓精力集中在塗佈的作業上，最好還是使用攪拌器。

❷準備砂漿板（這個可以自己製作）跟不鏽鋼的表面修繕用的鏝刀（圖1）。如果是右撇子的人，站在牆壁面前從左手邊開始塗，應該會比較好作業（圖2）。

❸常常會說「只憑一點小技巧※沒有用」，這對鏝刀來說也是一樣，要用整個面來塗抹。把熟石膏塗在最一開始的1.5㎡左右，放置10～

重點
從廁所以外的
小片牆壁開始
漸漸轉往大片的牆壁

15分鐘（隨著季節變化）之後，再一次壓上去來形成平坦的表面。很重要的一點，是如果用小面積來作業的話，反而會不順利（圖3）。

❹1天的作業，請一定要做到剛好可以告一段落的階段。要是在一面牆做到一半的時候停手，接續下去的部分會變得相當顯

重點
一定要在
剛好可以告一段落
的地方停手

※小技巧（日文：小手先）：跟「鏝刀的前端」同音

用熟石膏來完成牆壁表面。學習怎樣用鏝刀來進行塗佈。
就算外行人塗得不均勻，也會別有一番風味。

■圖3　用鏝刀的整個面來作業

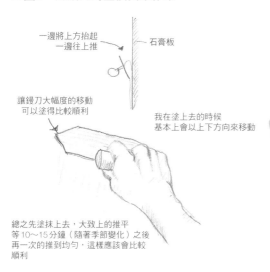

一邊將上方抬起
一邊往上推

石膏板

我在塗上去的時候
基本上會以上下方向來移動

讓鏝刀大幅度的移動
可以塗得比較順利

總之先塗抹上去，大致上的推平
等10～15分鐘（隨著季節變化）之後
再一次的推到均勻，這樣應該會比較
順利

■圖4　把邊緣整理好

邊緣要使用鏝刀的尖端

鏝刀的尖端
剛好是90度

眼。一定要一整面牆都做完之後再來停手。

❺角落跟邊緣非常的重要。像上圖這樣把邊緣整理乾淨，可以讓房間得到紮實的感覺（圖4）。

❻全部塗好且乾了之後，要將紙膠帶撕下，為了避免熟石膏也一起剝落，要用美工刀來謹慎的作業。

　我家塗佈的面積大約是70㎡，總共花了5天來完成。

被杉木板的浮沫所困擾

畠山悟的
經驗談

　終於走到這個地步。將保護用的膠帶撕下，實際感受到房間的氣氛。抱著高興的心情，用吸塵器將灰塵清乾淨，拿起抹布將熟石膏的粉末都擦拭乾淨。

　想說在打掃乾淨的房間內躺下來，看向地板，竟然出現灰色，讓人差點就要暈倒。馬上用布擦拭，卻很難擦乾淨。目前為止所付出的辛苦跟忍耐，卻是這樣的結果，不知道該如何是好。似乎是保護措施沒有徹底，滴下來的熟石膏讓地面木板出現浮沫。雖然也試著進行研磨，但磨到木板都快要變薄，還是無法弄乾淨。

　絞盡腦汁想出來的解決方法，是用地板蠟擦拭。雖然沒有任何根據，還是用海綿裹上大量的地板蠟，磨擦到簡直快要生火。雖然只有一點點，但確實是越來越乾淨。可是這樣太過辛苦，效率也不好，於是進行別的實驗。

　這次換重曹（小蘇打粉），想說去除山菜的浮沫時也是用它。撒上去來拼命的擦拭，感覺好像越來越乾淨。可是等乾了之後，就連原本沒事的部分，也一起變成灰色，看起來就像是地毯一般。也就是說杉木板的浮沫全都被拉到外面來。真是痛恨自己的無知。之後也試著用醋擦拭，結果還是一樣。

　最後回頭拿出地板蠟，努力的將污垢去除。市面上似乎有專用的修復劑，但我還是使用地板蠟。花了整整2天的時間，就為了彌補這個過錯。

實際動工之前

第1個月

第2個月

第3個月

第4個月

第5個月

第6個月

46 | 室外的供水管、熱水管工程

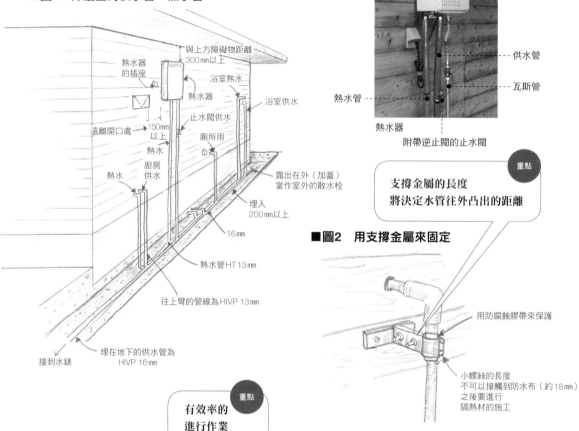

■圖1　外牆上的供水管、熱水管

與上方障礙物距離 300mm 以上
熱水器的插座
浴室熱水
熱水器
熱水
浴室供水
止水閥供水
遠離開口處
150mm 以上
廁所用
熱水
廚房供水
露出在外（加蓋）當作室外的散水栓
埋入 200mm 以上
16mm
熱水管 HT 13mm
往上彎的管線為 HIVP 13mm
接到水錶
埋在地下的供水管為 HIVP 16mm

供水管
瓦斯管
熱水管
熱水器
附帶逆止閥的止水閥

重點
支撐金屬的長度
將決定水管往外凸出的距離

■圖2　用支撐金屬來固定

用防腐蝕膠帶來保護
小螺絲的長度
不可以接觸到防水布（約18mm）
之後要進行
隔熱材的施工

重點
有效率的
進行作業
也能降低成本

　分別將室外的供水管、熱水管，連接到室內管線的工程。必需要委託專門的業者來進行，但也有許多部分可以自己動手。要找出這些部分來事先做好準備。

　工程的內容是測量尺寸來切割直管、製作倒角來塗上接著劑、將水管接在一起（參閱98頁）。重複以上這些作業。

　就如同之前所說明的，我家的管線裸露在室外。就外觀來看雖然並不美觀，但容易發現漏水的部分，保養起來也比較輕鬆。另一個缺點是曝露在大氣之中，裝設的時候必須充分注意隔熱的問題。

❶將室內與室外的配管連接在一起。結束之後，用隔熱材將配管包起來（選擇One

Touch型的隔熱材）。此時在彎管的部分，必須將隔熱材切割來調整長度，並確實包上塑膠膠帶來進行修補。

❷裝設熱水器。把附帶逆止閥的止水閥裝到供水管上。一邊安裝一邊用軟管調整位置。從室外的管線到熱水器為止，所有的水管都要包上隔熱材。裝好熱水器之後，要安排人來進行瓦斯工程。

❸所有管線接好之後，打開水錶的開關，讓水流進水管之中，確認是否有漏水的部位。另外也要確認各個水龍頭，自來水流出來的狀況。要是沒有問題的話將土埋回去，把室外地面下的配管覆蓋起來。

●附帶逆止閥的止水閥／避免水逆流到止水閥的零件。

47 | 裝設插座與開關

> **必要的工具跟材料**　□開關　□插座　□插座蓋板　□電工刀　□剪鉗　□螺絲起子　□軍刀鋸　□分電盤

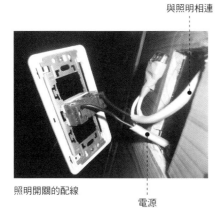

與照明相連

照明開關的配線

電源

插座的配線

■連接電線的程序

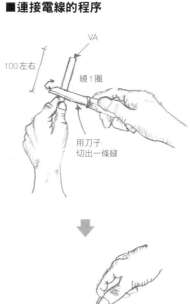

VA

100左右

繞1圈

用刀子
切出一條縫

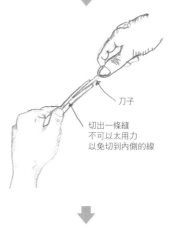

刀子

切出一條縫
不可以太用力
以免切到內側的線

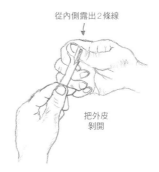

從內側露出2條線

把外皮
剝開

　　牆壁表面製作好了之後，要把插座、開關、分電盤等設備裝上。這是過去所有電線作業最後的關鍵，如果出錯的話可是會相當麻煩。最糟糕的場合得將牆壁拆下重做，讓人非常的緊張。

　　電氣工程，必須委託給擁有電氣技師合格證照的人來進行。我一樣擔任電氣技師的助手，事先準備好必要的材料並分配到各個場所，讓作業可以盡早結束。盡可能的讓電氣技師集中在接線的作業上。

實際動工之前

第1個月

第2個月

第3個月

第4個月

第5個月

第6個月

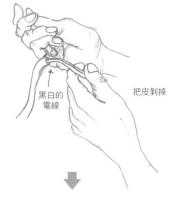

黑白的
電線

把皮剝掉

用刀子切出一條縫

把各條電線的外皮剝開

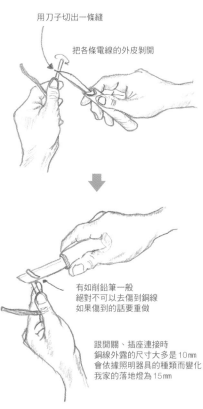

有如削鉛筆一般
絕對不可以去傷到銅線
如果傷到的話要重做

跟開關、插座連接時
銅線外露的尺寸大多是10mm
會依據照明器具的種類而變化
我家的落地燈為15mm

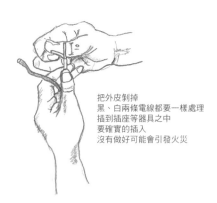

把外皮剝掉
黑、白兩條電線都要一樣處理
插到插座等器具之中
要確實的插入
沒有做好可能會引發火災

　　我家的接線作業使用插入式的連接器，沒
有必要用到銲料。

❶從日用品中心購買插座跟開關。

❷連接的方法非常簡單。把電線前端10mm左
右的外皮剝開來插入，如此而已。順序如左
圖所顯示。照片內是接好之後的樣子。

❸配線完成之後，自己動手將插座蓋板蓋
上。由電氣技師負責裝設插座、開關、照明
器具、分電盤、室外電錶盒。

●插入式連接器／把電線外皮剝開來插入，就能簡單完成的連接
器。

48 門窗工程

□不鏽鋼半圓型軌道 □鋁製L型鋼 □鉸鍊 □毛刷 □抹刀（尺） □紙門用膠水 □障子紙
□和紙 □門板 □門板底層 □門板化妝板 □釘槍 □V型軌道 □拉門滑輪 □吊掛式滑輪
□制門器 □紙門用滑輪 □吊掛式軌道

如何自己製作門板或窗板

■圖1　把椴木合板貼到芯材上

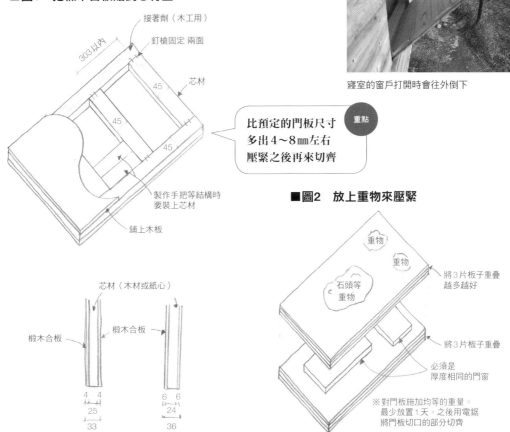

接著劑（木工用）

釘槍固定 兩面

303以內

芯材

45

45

45

重點

比預定的門板尺寸
多出4～8mm左右
壓緊之後再來切齊

製作手把等結構時
要裝上芯材

鋪上木板

寢室的窗戶打開時會往外倒下

芯材（木材或紙心）

椴木合板

椴木合板

4　4
25
33

6　6
24
36

■圖2　放上重物來壓緊

重物

重物

石頭等
重物

將3片板子重疊
越多越好

將3片板子重疊

必須是
厚度相同的門窗

※對門板施加均等的重量。
最少放置1天。之後用電鋸
將門板切口的部分切齊

自己製作門窗

　我家沒有使用金屬製的門窗外框。關於門窗本身，比較大型、工程較為複雜的請業者負責，其他則是自己製作。廁所跟寢室等較小的窗戶，就是由自己動手。這些是裝在外牆上的窗戶，因此採用木板窗。

❶製作芯材。用釘槍將木材或紙心（填充材）固定來製作成框架。釘槍跟釘子的款式

跟鋪設外牆防水布的時候相同（圖1）。

❷在芯材的兩面貼上椴木合板來當作表面。

❸確實進行壓擠，一直到接著劑完全乾了為止（圖2）。

❹按照開口處的尺寸來切掉4～8mm，切口貼上切口專用的膠帶（切掉的厚度，會隨著金屬零件而不同）。

❺用鉸鍊來裝到外框上。

實際動工之前

第1個月

第2個月

第3個月

第4個月

第5個月

第6個月

訂購的門窗

■圖3　詳細圖

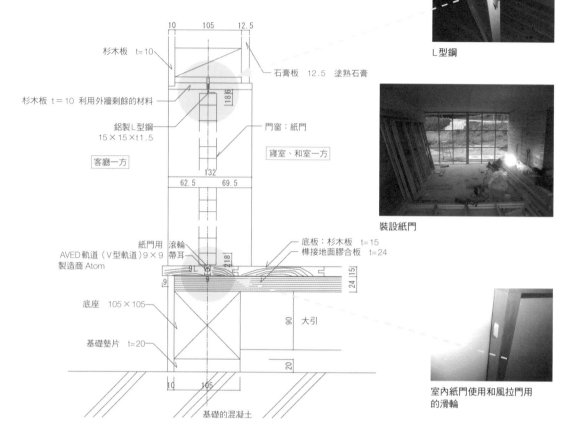

杉木板　t＝10

石膏板　12.5　塗熟石膏

杉木板　t＝10　利用外牆剩餘的材料

鋁製L型鋼
15×15×t1.5

門窗：紙門

客廳一方

寢室、和室一方

62.5　　69.5

紙門用　滾輪帶耳
AVED軌道（V型軌道）9×9
製造商 Atom

底板：杉木板　t＝15
榫接地面膠合板　t＝24

底座　105×105

大引

基礎墊片　t＝20

基礎的混凝土

L型鋼

裝設紙門

室內紙門使用和風拉門用的滑輪

特別訂製的門窗

門窗的尺寸
要扣掉金屬零件的份

　　重點

　　較為大型、工程較為複雜的門板或窗板，要向專門的業者訂購。可以自己製作的部分要由自己動手，這樣價格也不會太過昂貴。特別是像我家這種，規格跟一般尺寸相差較遠的住宅。

　　就算是特別訂購的門窗，表面處理還有金屬零件的設置，我也是選擇由自己動手。當作門把的凹陷難度較高，可以的話最好是請業者處理。

　　向業者訂購的，是客廳兩側大型開口的雨窗跟紙門。裝設拉門滑輪等金屬零件的凹

陷，請業者先加工好，金屬零件的款式，則是跟門窗業者商量之後決定。

滑輪選擇調整輪
會比較方便

　　重點

❶雨窗跟紙門的框架，已經請門窗業者切出各種溝槽與凹陷。送來的時候可以直接將拉門的滑輪裝上。

❷進行門板的裝設與調整時，如果出現歪斜，則用調整輪來調整。裝上門窗，空蕩蕩的室內馬上就給人房間的感覺，非常的不可思議。

❸在雨窗鋪上木板，紙門則是鋪上障子紙。

製作簡單的吊掛式拉門

■圖4　裝設吊掛的滑輪與避震器

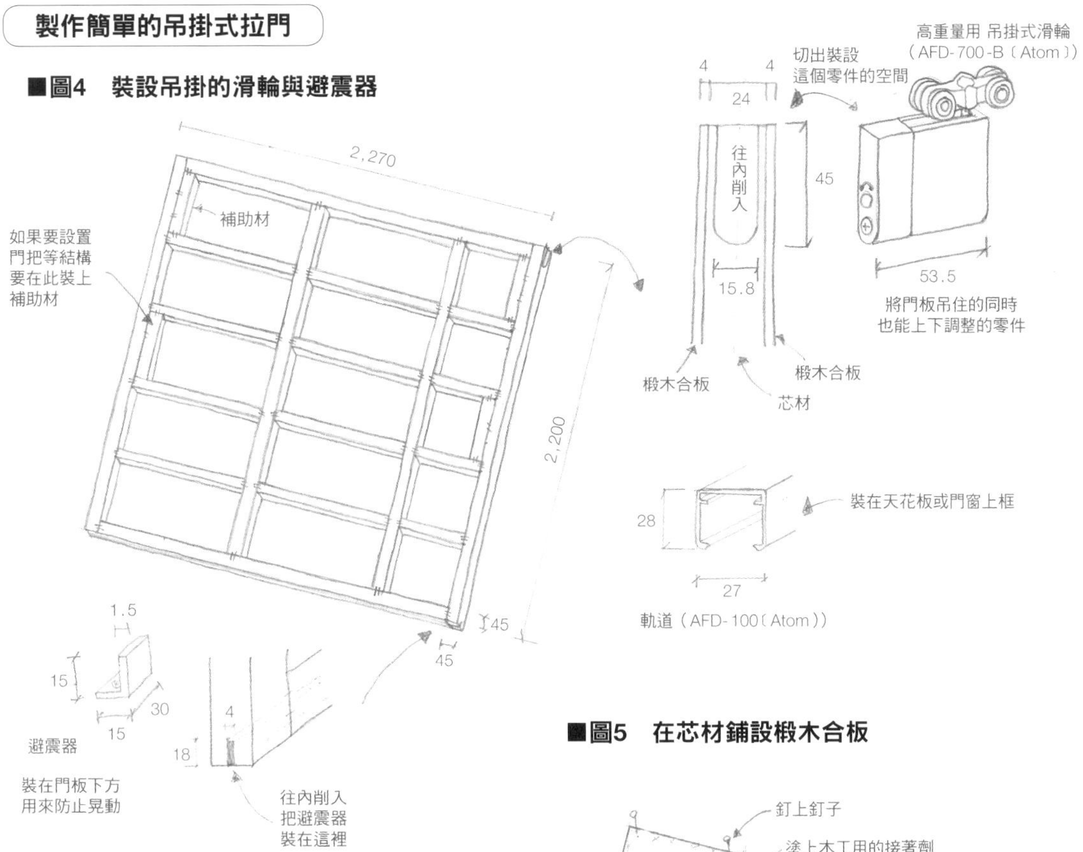

2,270

如果要設置
門把等結構
要在此裝上
補助材

補助材

2,200

45

45

高重量用 吊掛式滑輪
（AFD-700-B〔Atom〕）

切出裝設
這個零件的空間

4　4

24

往內削入

45

15.8

椴木合板

椴木合板

芯材

將門板吊住的同時
也能上下調整的零件

53.5

1.5

15

30

15

避震器

裝在門板下方
用來防止晃動

4

18

往內削入
把避震器
裝在這裡

28

27

裝在天花板或門窗上框

軌道（AFD-100〔Atom〕）

■圖5　在芯材鋪設椴木合板

椴木合板

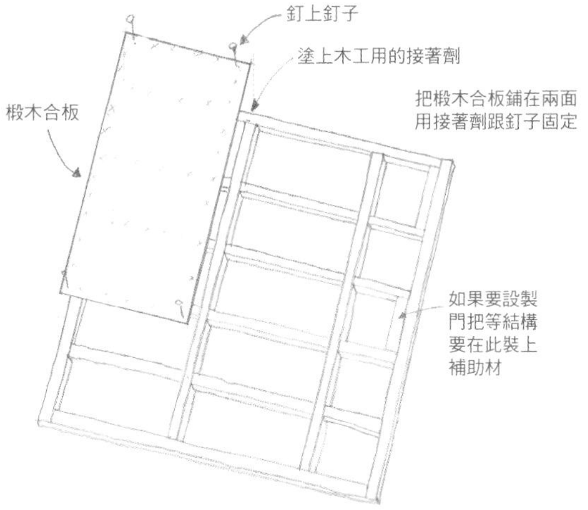

釘上釘子

塗上木工用的接著劑

把椴木合板鋪在兩面
用接著劑跟釘子固定

如果要設製
門把等結構
要在此裝上
補助材

區隔客廳跟寢室的大型門板 ★

獨自的簡易型吊掛式門窗

我家最具特徵的門窗之一，是區隔客廳跟寢室的大型拉門。用來將客廳一分為二，或是將寢室隔成比較小間，有時也可以拆下來。希望讓地板成為沒有軌道的清爽空間，因此選擇從上方吊掛的拉門。

❶打造天花板的時候，將吊掛式的軌道跟滑輪裝到框體上（參閱114頁 裝設門窗的外框）。

❷跟自製門窗一樣來組合芯材，在此使用24×45㎜的木材。

❸在門板上方切出吊掛用的凹槽，下方切出用來裝設避震器（15×15×長30㎜、厚0.9～1.5㎜的鋁製L型鋼）的凹槽（圖4）。

❹把芯材組裝成2,270×2,200㎜，用4㎜厚的椴木合板從兩側夾住。要將這種尺寸的門板壓緊比較困難，必須用接著劑跟釘子，

139

■圖6　將門板吊掛起來

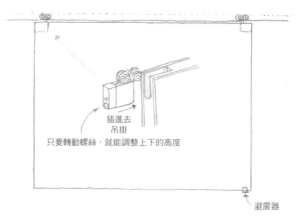

插進去
吊掛
只要轉動螺絲，就能調整上下的高度

避震器

■圖7　用和紙當作表面

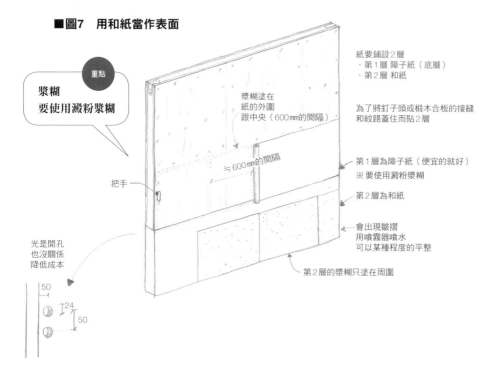

重點

漿糊
要使用澱粉漿糊

漿糊塗在
紙的外圍
跟中央（600mm的間隔）

≒600mm的間隔

把手

紙要鋪設2層
・第1層 障子紙（底層）
・第2層 和紙

為了將釘子頭或椴木合板的接縫
和紋路蓋住而貼2層

第1層為障子紙（便宜的就好）
※要使用澱粉漿糊

第2層為和紙

會出現皺摺
用噴霧器噴水
可以某種程度的平整

第2層的漿糊只塗在周圍

光是開孔
也沒關係
降低成本

50

24

50

讓椴木合板可以確實的固定上去（圖5）。
❺如果有必要的話，往內切入來當作把手。比方說像圖7這樣，開兩個φ24的孔來取代把手。
❻把門板裝到吊掛式的滑輪上（圖6）。
❼為了讓椴木合板的紋路跟釘子頭變得比較不顯眼，鋪上兩層的紙。第一層是障子紙，用來當作底層。沒有必要整張紙都塗上漿糊，因為是以橫向來鋪設，用600mm的間隔把漿糊塗在中央，另外則是紙的外圍（圖7）。

❽乾了之後，貼上用來當作表面的和紙。這次只在外圍的部分塗上漿糊。
❾等 乾了之後，用噴霧器來噴上少量的水，可以某種程度的將皺摺去除。

●紙心（Paper Core）／用來將板子內部的空間填滿的材料。　●門鉸鍊／主要給室內的板門使用，裝設鉸鍊的部位不用特別加工，裝設的作業相當簡單。　●板門／在橫木跟直框等骨架的兩面貼上膠合板等材料，表面平坦沒有凹凸的門板。　●門板的裝設與調整／在現場將門板或窗戶裝上，確認是否可以順利的開合，必要的話進行調整。　●調整輪／可以調整高度的滑輪，裝設門板的時候會比較容易調整。

49 | 裝設馬桶

□馬桶、馬桶座套件　□衝擊起子　□止水膠帶　□PVC管專用接著劑　□PVC專用鋸
□震動電鑽（地板如果是混凝土會用到）

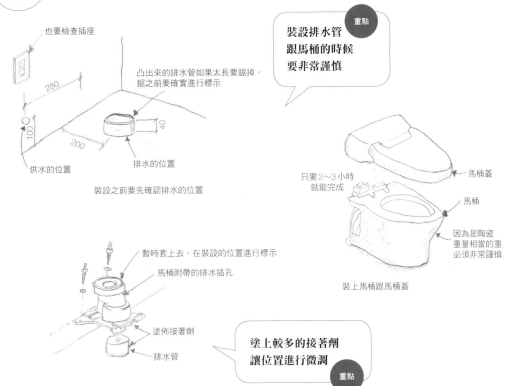

也要檢查插座

280
100
200
供水的位置

凸出來的排水管如果太長要鋸掉。鋸之前要確實進行標示
40
排水的位置

裝設之前要先確認排水的位置

重點 裝設排水管跟馬桶的時候要非常謹慎

只要2～3小時就能完成

馬桶蓋
馬桶
因為是陶瓷重量相當的重必須非常謹慎

裝上馬桶跟馬桶蓋

暫時套上去，在裝設的位置進行標示
馬桶附帶的排水插孔

塗佈接著劑
排水管

塗上較多的接著劑讓位置進行微調 **重點**

我家的廁所，寬910×深1,365mm，是不到1張榻榻米的小型空間。為了以最大的限度來活用這個空間，採用體積較小的無水箱馬桶。價位雖然比較高，但就當作是拿來購買多一點的空間。

只要一邊對照馬桶的說明書，裝設起來幾乎不會有任何問題。比較困難的，就只有用接著劑將水管接頭裝上的部分，必須1次就到定位。

❶確認供水、排水管與插座的位置。如果位置有錯，供水管要購買新的材料來重做一次，如果是排水管的話，則必須將基礎的一部分打掉，才有辦法變更。一定要在基礎工程的時候好好確認。

❷從地板凸出的排水管，在凸出40mm的位置鋸斷。重點在於確實的測量與精準的標示。

❸用接著劑將馬桶的排水插孔裝上。一但塗上接著劑就無法變更，在塗上接著劑之前先暫時裝上去來進行確認。

❹把馬桶裝上。馬桶本身是陶瓷，要小心別去撞到，以免造成破裂。

❺把附帶暖烘機能的馬桶座裝上。

❻把牆壁延伸出來的供水管，連接到馬桶的供水管。別忘了捲上止水膠帶。

●無水箱馬桶／沒有水箱的馬桶，對深度較小的廁所來說相當方便。

50 | 製作家具

收納家具

必要的 工具跟 材料	□衝擊起子　□圓鋸機　□手鋸　□尺　□鑿子　□刨刀　□美工刀　□小螺絲　□壁塞（φ8） □接著劑　□木材用切口膠帶（椴木）　□螺絲錐　□木心椴木合板・平片（24mm厚） □椴木合板 平面（4mm厚）　□櫃板（12～21mm厚）　□櫃板托座　□砂紙　□櫃門鉸鍊　□鋼筋

收納家具

> **重點**
> 正面、側面
> 會被看到的切口處
> 要貼上切口膠帶

■圖1　收納家具的正面外觀圖

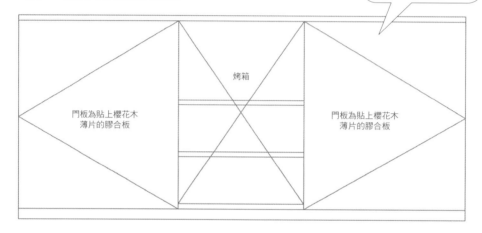

門板為貼上櫻花木
薄片的膠合板

烤箱

門板為貼上櫻花木
薄片的膠合板

　除了住宅之外，要是連家具也能自己打造，尺寸跟氣氛將可以得到一致，讓室內裝潢得到整合性。一般來說，製作家具需要高度的技術，但如果一路走到這個地步，應該沒有問題才對。用累積的經驗跟創意，來創造屬於自己的家具。

收納家具

❶製作廚具對面的收納家具。首先要繪製圖面（圖1）。製作程序跟自製的門板相同，用芯材來組合框架，兩面貼上表面材料。要是嫌麻煩的話，可以直接使用木心的椴木合板，將會省下不少的麻煩。

❷決定好各個部位的尺寸，擺上導引用的木條，用圓鋸機來進行切割。

❸在各個部位之零件的切口，貼上裝飾用的切口膠帶。基本構造跟膠帶相同，作業起來相當容易。沒有貼好的話很有可能會剝落，必須多加小心（圖2）。

❹螺絲頭裸露在外，會影響到外表的美觀，這種部位必須使用木釘來組裝。用φ8的木工用螺絲錐來開孔，擠入接著劑，把木釘插進去。插入的一方也要製作木釘用的孔（圖3）。

❺其他的部位，用小螺絲跟接著劑來固定。螺絲的部分可以先開孔再來鎖上，組裝起來會更為精準（圖4）。

❻裝設櫃板的托座，把櫃板放上去（跟廚房同樣的要領）。

❼把櫃門裝上。連結用的金屬零件，是使用側滑（Slide）式的櫃門鉸鍊（圖5）。側滑式的櫃門鉸鍊種類非常繁多，選擇時要考慮到門板的厚度跟覆蓋量。我選擇全覆蓋式的鉸鍊。

活用目前為止所累積的經驗，以自己的雙手來打造家具。
在此介紹廚房的收納，以及用鋼筋來製作的桌子。

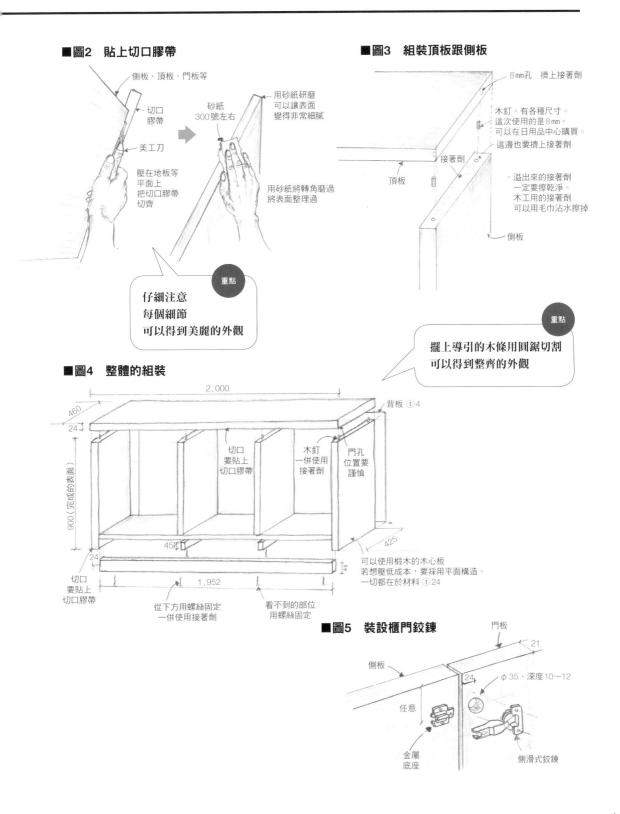

■圖2　貼上切口膠帶

側板、頂板、門板等

切口膠帶

美工刀

壓在地板等
平面上
把切口膠帶
切齊

砂紙
300號左右

用砂紙研磨
可以讓表面
變得非常細膩

用砂紙將轉角磨過
將表面整理過

重點
仔細注意
每個細節
可以得到美麗的外觀

■圖3　組裝頂板跟側板

8mm孔　擠上接著劑

木釘。有各種尺寸。
這次使用的是8mm。
可以在日用品中心購買。
這邊也要擠上接著劑

頂板

接著劑

側板

・溢出來的接著劑
一定要擦乾淨。
木工用的接著劑
可以用毛巾沾水擦掉

重點
擺上導引的木條用圓鋸切割
可以得到整齊的外觀

■圖4　整體的組裝

2,000

460

24

背板 Ⓣ4

切口
要貼上
切口膠帶

木釘
一併使用
接著劑

門孔
位置要
謹慎

900（完成的表面）

24

45

425

切口
要貼上
切口膠帶

1,952

45

從下方用螺絲固定
一併使用接著劑

看不到的部位
用螺絲固定

可以使用椴木的木心板
若想壓低成本，要採用平面構造。
一切都在於材料 Ⓣ24

■圖5　裝設櫃門鉸鍊

門板

21

側板

任意

24

φ35、深度10～12

金屬
底座

側滑式鉸鍊

143

實際動工之前

第1個月

第2個月

第3個月

第4個月

第5個月

第6個月

桌子

■圖6 用鋼筋製作腳架

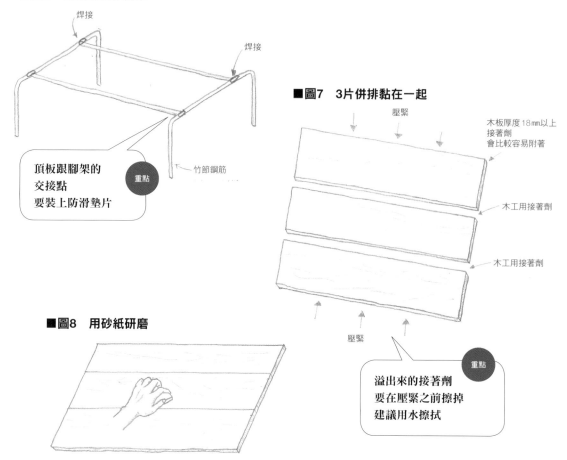

焊接

焊接

重點

頂板跟腳架的
交接點
要裝上防滑墊片

竹節鋼筋

■圖7 3片併排黏在一起

壓緊

木板厚度18mm以上
接著劑
會比較容易附著

木工用接著劑

木工用接著劑

壓緊

重點

溢出來的接著劑
要在壓緊之前擦掉
建議用水擦拭

■圖8 用砂紙研磨

用砂紙盡可能的磨出漂亮的表面

桌子

❶用剩餘的鋼筋來製作桌子。把彎成ㄈ字型
的粗鋼筋及用來承接頂板的鋼筋，一起拿到
鋼筋店來焊接，製作成腳架（圖6）。

❷把3片寬200mm的木板排在一起，用木工
接著劑固定。擠壓之後，整理成寬600mm的
大片木板（圖7）。之後用砂紙將表面研磨，
就能得到乾淨的桌面（圖8）。

❸擺到鋼筋的腳架上即可完成。

●木心椴木合板／中心的部分使用木片拼湊的椴木合板。 ●木釘
／讓木材結合時所使用的小木棒。 ●側滑式鉸鍊／主要由家具所
使用的鉸鍊，不會被外側看到，可以得到清爽的外觀。 ●覆蓋量
／門板將側板切口覆蓋起來的部分。

把桌子擺在隔板拉起來的寢室內。

減少生活上所須的物品

來到我家的許多人，都會說「收納真少」。實際上也確實如此，我家只有最低限度的收納，東西也不多。我本來就不是那種收藏許多物品的個性，但原因似乎不只如此。

首先是冰箱，我家的冰箱不大，無法儲藏大量的食物。魚類等生鮮食品是向大海訂購。海洋是我家的養殖場，隨時都有鮮魚可以食用（缺點是養殖場太大，有時會找不到放養的魚在哪裡）。蔬菜也是從田裡直接採集，因此冰箱不用太大。附帶一提，我家的電費每個月只要大約3,500日幣。一樣的，書放在圖書館，車子也是在租車行。日用品也不會在便宜的時候買來存放，而是把店內當作倉庫。所以收納空間不用太大。

到目前為止一直都覺得，家中擺著許多東西，給人生活富裕的感覺。但回過頭來仔細想想，擁有許多東西似乎跟富裕的生活沒有直接關連。大部分的東西，都可以從附近的商品買到，也很少會有缺貨的狀況。沒有必要特地買回來家中存放。

要存放物品，才會需要收納。而收納空間越多，房子的面積跟成本也會提升。想到這點，讓人在買東西的時候不得不多加思考一下。我只會購買最低限度的物品，當必要的物品不足時，才會外出去添購物品。

大量的物品，需要管理跟維持，居住的人也會因此而受到束縛。擁有一棟住宅，一樣也會在各種方面造成束縛，但如果東西較少的話，束縛的程度也會比較低，打掃起來也比較輕鬆，讓自己隨時都過著清爽又簡單的生活。

實際動工之前

第1個月

第2個月

第3個月

第4個月

第5個月

第6個月

51 | 製作洗臉台

必要的
工具跟
材料

□板手　□止水膠帶　□振動電鑽　□衝擊起子　□塗料　□水龍頭金屬零件一套
□排水管一套　□鏡子

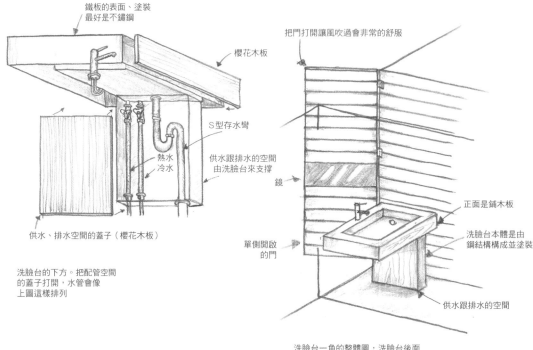

■圖1　洗臉台下方

鐵板的表面、塗裝
最好是不鏽鋼

櫻花木板

S型存水彎

熱水
冷水

供水跟排水的空間
由洗臉台來支撐

供水、排水空間的蓋子（櫻花木板）

洗臉台的下方。把配管空間
的蓋子打開，水管會像
上圖這樣排列

■圖2　洗臉台的整體圖

把門打開讓風吹過會非常的舒服

鏡

單側開啟
的門

正面是鋪木板

洗臉台本體是由
鋼結構構成並塗裝

供水跟排水的空間

洗臉台一角的整體圖，洗臉台後面
的牆壁可以打開，成為開放性的空間

　　雖然沒有特別去意識過，但在日常之中，似乎就已經對洗臉台的造型抱持疑問。自己家的洗臉台，要照自己的意思來製作，這點在計劃的時候就已經決定。對大家來說或許無法當作參考，但還是介紹一下製作的過程。

　　製造商所販賣的洗臉台，從收納到淋浴等等，各種機能都有，我所製作的洗臉台則是相反，別說是收納，連下方的管線都不會看到，結構非常的精簡。另外也希望可以不用靠牆，像裝置性藝術一般自己可以獨立。

　　洗臉台的後方不是牆壁，而是與洗臉台同寬度，高度達到天花板的大型門板。打開時可以成為完全敞開的空間，通風也非常良好。讓人洗臉時有在室外的感覺。

❶製作洗臉台的圖面來跟鋼結構業者討論，請他們製作主要結構。

❷在地板的混凝土打上固定螺栓，將洗臉台的主要結構裝上去。

❸把水龍頭跟排水孔等金屬零件裝上，跟供水管、熱水管連接在一起。

❹對洗臉台進行塗裝。

在此介紹我無論如何都想採用的洗臉台。
沒有任何多餘的物品，擁有清爽外觀與獨立性的結構。

洗臉台。把背後的門打開的樣子。★

❺在洗臉台背後的門板裝上鏡子。

　這個洗臉台的供水管、熱水管埋在混凝土之中。如果發生漏水，幾乎無法修理，因此並不建議大家採用這種構造。我純粹只是想得到這種造型，因此自願背負這個風險。

　一般最好是採用在外牆裝設供水管、熱水管的構造（像我家這樣背後是門板，會無法施工）。

試著當個家庭主夫

　一邊蓋房子一邊思考，要是由自己來當家庭主夫的話，許多事情或許會相當順利。要是另一伴可以出外賺錢，蓋房子的途中或是蓋好之後的一段時間，當個家庭主夫應該也不錯。

　一般家庭之中，如果出現「希望這邊有櫃子」「門的狀況好像怪怪的」等意見時，大多是由男性在週末擔任臨時的木工師傅。如果是平時就在家中的家庭主夫，應該可以主動察覺有問題的部分來動手解決，因此效率應該不差。太太一個人在家，想要將比較大的櫃子掛上去，可能會因為太重或位置太高而無法自己來。因此才會從購買產品、委託業者，轉變成DIY的行為。如果是自己蓋房子的家庭主夫，這些應該都很輕鬆才對。

　生活之中許多必須出力的工作，也因為蓋房子的經驗，而覺得沒什麼大不了。蓋好之後也能一邊生活，一邊追加各種機能。平時總是交給另一伴的家事，自己動手嘗試來瞭解其中的辛苦，可以更加體會對方的心情、為對方著想。這段期間當個家庭主夫，說不定是個不錯的主意。

52 | 製作各種生活道具

倉庫兼門廊

　　用 Pre-cut 等剩下來的木材，製作倉庫兼門廊。構造非常的簡單，設計成同時可以當作我家門廊的造型。不用太過神經質，用自由的心情來打造即可。

❶倉庫是面積只有1張榻榻米左右的小屋，製作圖面之後，動手進行基礎工程。就好像是複習過去所有的作業一般，一樣一樣仔細的完成。基礎跟骨架的製作方式，請參考插圖。

❷骨架製作好了之後貼上防水布、裝上胴緣。外牆貼的是烤杉木板。倉庫的門是將剩下來的材料，製作成左右往外拉開的門。

❸門廊擺在跟住宅背對背的位置。一樣是從基礎開始動手。此處的重點，是活用製作門窗的經驗，來打造大型的格子窗。請參考插圖。

■圖1　如何製作倉庫

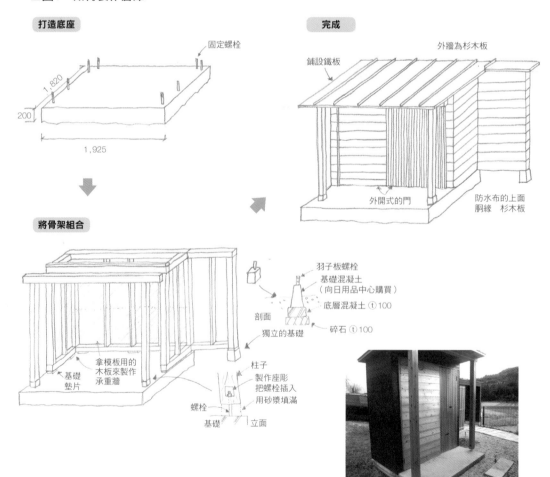

打造底座

固定螺栓

1,820
200
1,925

完成

外牆為杉木板
鋪設鐵板
外開式的門
防水布的上面
胴緣　杉木板

將骨架組合

拿模板用的木板來製作承重牆
基礎墊片
螺栓
基礎

羽子板螺栓
基礎混凝土（向日用品中心購買）
底層混凝土 ⓣ100
碎石 ⓣ100
剖面
獨立的基礎
柱子
製作座彫
把螺栓插入
用砂漿填滿
立面

倉庫

148

走到這個地步，已經某種程度的掌握蓋房子的技術。

讓我們活用剩餘的材料及不再需要的物品，來打造生活設施。

透過創意，可以實現各式各樣的設備。在此介紹其中一部分。

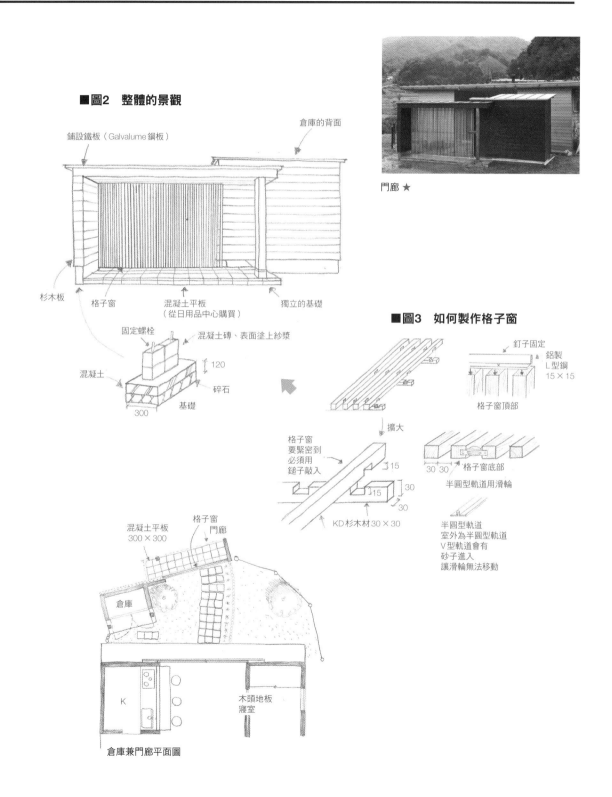

■圖2　整體的景觀

舖設鐵板（Galvalume鋼板）

倉庫的背面

門廊 ★

杉木板

格子窗

混凝土平板
（從日用品中心購買）

獨立的基礎

固定螺栓

混凝土磚、表面塗上紗漿

混凝土

碎石

基礎

120

300

■圖3　如何製作格子窗

釘子固定

鋁製
L型鋼
15×15

格子窗頂部

擴大

格子窗
要緊密到
必須用
鎚子敲入

15

15

30

30

30

30

格子窗底部

半圓型軌道用滑輪

KD杉木材 30×30

半圓型軌道
室外為半圓型軌道
V型軌道會有
砂子進入
讓滑輪無法移動

混凝土平板
300×300

格子窗
門廊

倉庫

K

木頭地板
寢室

倉庫兼門廊平面圖

實際動工之前

第1個月

第2個月

第3個月

第4個月

第5個月

第6個月

燒柴暖爐

請人預估一下燒柴暖爐的價格，發現竟然要67萬日幣。沒有這麼多的預算，只好自己尋找資料，發現暖爐本身的價格只要18萬日幣。剩下50萬是煙囪跟裝設的費用。決定只購買燒柴暖爐的本體，煙囪由網路訂購。眼鏡石※跟防雨板※則是請板金店製作。

❶圖5是煙囪跟屋頂部位的剖面圖。高過天花板、來到室外的部分是雙層結構的隔熱煙囪。低於屋頂的室內部分，是單層結構的煙囪。

❷委託板金店的人，在屋頂上製作煙囪用的開口。

❸把暖爐本體裝上來進行組裝。不要忘了設置眼鏡石。

❹為了避免煙囪晃動，在屋頂跟天花板之間裝設防震金屬。

❺將板金店製作的擬似防雨板裝上去。與煙囪相接的部位要進行填縫（圖5）。雖然也能使用市面上所販賣的防雨板，但構造較為複雜，讓人擔心如果漏雨的話，可能會找不出問題出在哪裡。因此選擇比較容易發現漏雨的簡單構造。爬到屋頂打掃煙囪的時候，要常常進行檢查。

我家客廳的地面是混凝土，可以直接擺在地上，沒有必要在暖爐下方鋪設磁磚。跟牆壁的距離，要遵守暖爐說明書內所記載的尺寸。各個環節請千萬注意，以免發生火災。

暖爐、煙囪、付給板金店的費用加在一起，總共是大約25萬日幣。

※眼鏡石：煙囪或排煙管穿過木造建築的外牆時，為了防止火災而裝在此處周圍的耐熱性開孔板
※防雨板（Flushing）：結合屋頂與煙囪的零件，防止雨水入侵

■圖4　燒柴暖爐的整體圖　　　　　■圖5　煙囪跟屋頂的交接處

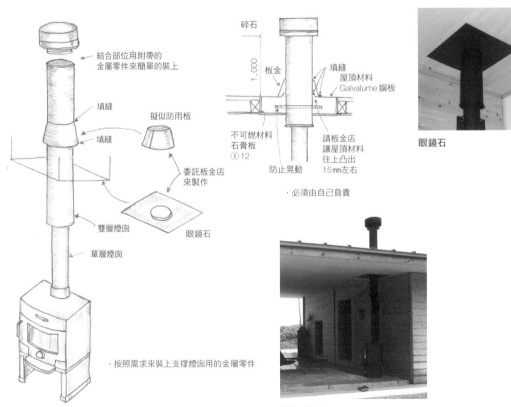

圖4標註：
結合部位用附帶的金屬零件來簡單的裝上
填縫
擬似防雨板
填縫
委託板金店來製作
雙層煙囪
眼鏡石
單層煙囪
‧按照需求來裝上支撐煙囪用的金屬零件

圖5標註：
碎石
板金
填縫
屋頂材料
Galvalume鋼板
不可燃材料石膏板 ①12
請板金店讓屋頂材料往上凸出15mm左右
防止晃動
‧必須由自己負責
1,000

眼鏡石

燒柴暖爐 ◆

吧檯

我家沒有飯桌。這是因為朋友來聚會的時候可以圍在客廳的桌子，而平時如果是2個人住，只要有廚房前面的吧檯應該也就夠了。這具吧檯，可以由我們自己動手來打造。

一般的吧檯，會用單片木板來製作，但只要強度充分，用什麼應該都沒有關係。我是用木材跟龍腦香木的膠合板製作框架（中空）來當作底層，塗上砂漿來當作表面。

❶把廚具開口下方的牆壁表面拆掉。本來應該在鋪設牆壁之前先製作吧檯，但一直猶豫到最後才決定採用吧檯，只好像這樣拆掉重

做（照片1）。

❷在柱子跟隔間柱切出凹陷，讓吧檯可以卡在此處。以下圖的方式製作底層材料，插到廚具的內側，確實進行固定（圖6）。

❸在底層材料的膠合板鋪上金屬網。這是為了讓塗在上面的砂漿可以固定（照片2）。

❹塗上混入接著劑的砂漿，然後塗上薄塗用的砂漿。我將薄塗用的砂漿混入墨汁，來得到黑色的桌面。最後塗上透明塗料。

■照片1　把牆壁表面打掉

■圖6　吧檯的圖面

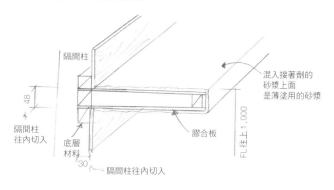

隔間柱

48

隔間柱往內切入

底層材料

30　隔間柱往內切入

混入接著劑的砂漿上面是薄塗用的砂漿

膠合板

FL往上1,000

■照片2　鋪上金屬網

吧檯 ★

實際動工之前

第1個月

第2個月

第3個月

第4個月

第5個月

第6個月

隨意製作的照明器具

為電氣工程而準備的電線沒有用完。於是把電線外層的塑膠絕緣給剝掉，用內側的銅線來製作照明器具。蓋房子的工程之中，總是得注意尺寸跟數字，現在可以從這些束縛之中解放出來，靠自己的感覺來決定大小。

❶用美工刀將電線（VA1.6～2.0mm）的塑膠外皮剝掉，只留下銅線。

❷製作照明器具的燈罩。找個跟想要的造型相似的物體，按在上面來製作外框。我是選擇機車的安全帽（圖7）。

❸在各個交叉點用銲錫固定（圖8）。就算造型歪掉，也能成為一種獨特的風味，不用整理的太過整齊（圖9）。

❹塗上木工用的接著劑，將和紙鋪上。一次將整張和紙全都貼上的話難度會比較高，一格一格的進行雖然比較費力，但結果通常會比較好（圖10）。

❺把燈座固定在不可燃的板狀材料上，裝到燈罩內部。用銅線來進行固定，以免燈座倒下（圖11）。

照明器具會發熱，要充分注意火災的危險性。

■圖7　用銅線製作外形

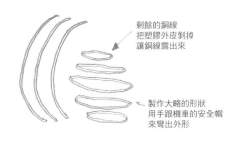

剩餘的銅線
把塑膠外皮剝掉
讓銅線露出來

製作大略的形狀
用手跟機車的安全帽
來彎出外形

■圖9　製作整體的外形

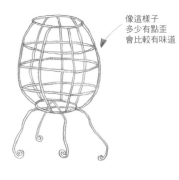

像這樣子
多少有點歪
會比較有味道

■圖8　用銲錫固定

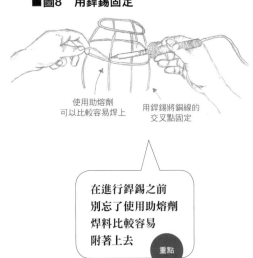

使用助熔劑
可以比較容易焊上

用銲錫將銅線的
交叉點固定

在進行銲錫之前
別忘了使用助熔劑
焊料比較容易
附著上去

重點

■圖10　貼上和紙

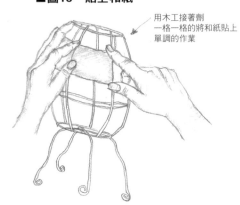

用木工接著劑
一格一格的將和紙貼上
單調的作業

隨性的照明器具

　　用多餘的鋼筋製作的衛生紙架。像圖這樣彎曲，鎖上小螺絲來固定即可。粗獷的風格跟我家非常的搭配。

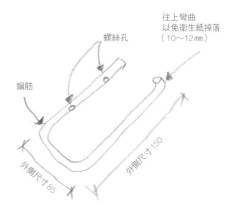

往上彎曲
以免衛生紙掉落
（10～12mm）

螺絲孔

鋼筋

外側尺寸85

外側尺寸150

■圖11　裝上燈泡

插座。800日圓左右

銅線
以此來固定

不燃物。安全

用銅線固定

廁所的衛生紙架

> 重點
>
> 用多餘材料
> 製作各式各樣
> 的物品

●烤杉木／碳化的杉木板可點燃性低，具有耐火能力，對於風雨也擁有較高的耐久性。　●眼鏡石（眼鏡板）／煙囪穿過天花板、牆壁的部分所裝設的化妝板。　●防雨板（Flushing）／煙囪的零件之一，裝在屋頂跟煙囪的結合部位，用來防止漏水。　●金屬網（Metal Lath）／塗佈熟石膏、砂漿時所使用的金屬製的底層材料，在薄薄的銅板劃上刻痕來拉成網狀。

實際動工之前

第1個月

第2個月

第3個月

第4個月

第5個月

第6個月

53 登記建築物

工程結束之後，要進行完工檢查（要領跟86頁的期中檢查相同）。另外還要在1個月以內，申請建築物登記。如果委託給土地家屋調查士來進行，需要7～10萬日幣，因此由自己動手。看起來似乎很複雜，讓人心情相當沉重，但實際嘗試之後，會發現相當的簡單。總之到附近的法務局，說要辦理「建築物的登記」，櫃台人員會就拿出必要的資料，然後進行說明。

正式的名稱為「建物表題登記」，為了製作新的登記簿而辦理登記。必要的資料如下。

❶登記申請書

到法務局的時候會拿到的資料。只要寫上住址等資料就可以。

❷建物圖面、各樓層平面圖

B4大小、橫寫、建物圖面為1/500、各樓層平面圖為1/250。紙張最好是堅韌的製圖用紙或透寫紙。

如果會用CAD，當然是更為理想。可以索取圖面的範例，以此為依據來進行繪製。

❸所有權証明書

從以下的證明書之中，選擇2種類來提出。

建築確認書

確認完成證明、檢查完成証明

工程結束交付證明書

　　　代表者事項証明書、印鑑證明書

所有權證明書

由悉知所有權的2名成年者製作，也需要印鑑證明

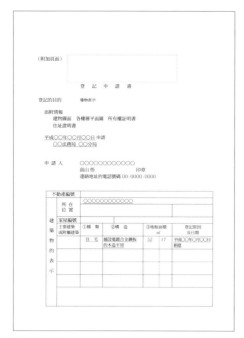

登記申請書

直營工程證明書

工程結束，完工檢查也通過之後，要在1個月內進行建築物的登記。

這樣就法律面來看，我家終於宣告完成。

我以為只要有「建築確認書」跟「檢查完成証明」就沒問題，但法務局卻說還需要「工程結束交付證明書」。看來隨著法務局的不同，需要的資料也不一樣。

而在我的場合，必須將「工程結束交付證明書」改成「直營工程證明書」（自己證明這棟住宅是由自己打造的奇妙文書）的標題重寫一次，然後附上印鑑證明書。

❹住址證明書

所有權人的住民票。

實際辦理，只要到市政廳索取住民票跟印鑑證明，製作成資料就可以了。全部只要半天就能結束。光是這樣就要收7～10萬日幣，實在是非常嚇人，最好還是自己動手。

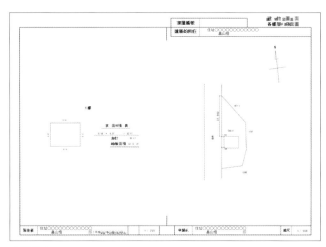

建築圖面

充滿訂正印記的資料

資料完成，前往法務局來進行申請。由負責的人員進行檢查，果然還是有必須修正的部位。我在「所在」欄位填上目前為止居住的地點，但「所在」跟「住址」的概念似乎不同，我一直都將兩者搞混。為了訂正所有的「所在」，資料上蓋滿了訂正印記。

資料上面到處都蓋滿訂正符號，讓人心情一路往下沉，只能嘆氣。不知道的事情原來還有這麼多。前往法務局的時候，一定要攜帶實印（登記印章），遇到修正的部位時，這將用來當作訂正印記。

之後法務局的人員來到我家，確認建築是否真的存在、跟申請內容是否相符。逗留時間約15分鐘。我家連玄關都沒有，看起來可能不像一間住宅。我父母親第一次前來的時候，以為是放牛的小屋而開過頭，事後還很生氣的說「我害他們繞遠路」。

申請之後等待通知，前去領取登記完成證明，此時也蓋了許多訂正符號。看著滿是訂正印記的資料，讓人想起少年時期的青春痘。領取登記完成證明，我的Self-Build終於宣告結束。

54 | 蓋房子的作業會持續下去

■圖1　太鼓貼[※]的布製紙門

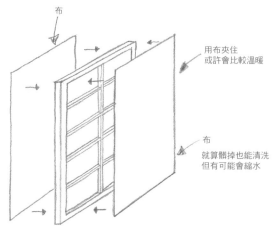

布

用布夾住
或許會比較溫暖

布
就算髒掉也能清洗
但有可能會縮水

※ 太鼓貼：格子門窗的正面跟反面都貼上紙，讓內部成為中空。

大型的開口，是雨窗跟
紙門的組合。目前在冬
天的會貼上障子紙，夏
天換成紗窗網。

　　蓋房子的作業到此告一個段落。開始在這裡生活，日子也一天比一天的沉穩。但過了一段時間，開始會想要進行修改。覺得這樣應該會變得更好，稍微作業一下，把真正有必要的機能追加上去。沒有必要一開始就全部湊齊。住了之後按照生活的狀況，來追加當下所需要的機能。

　　雖然完成，但還算不上是完美。我覺得住宅這樣就好。跟住的人一樣隨著時間變化，這就是我家。

　　在此介紹我接下來會動手追加的部分。這些並不是一次做好，而是一點一點慢慢的完成。

用太鼓貼的方式在紙門貼上布料

　　目前每隔1年，會重貼一次紙門的障子紙，我想用布來取代紙。以太鼓貼的方式，從兩側夾住來形成空氣層。這樣多少可以提高隔熱效果，燒柴暖爐所消耗的燃料應該也能減少（圖1）。

雖然完成，但開始在此處生活之後，會出現不理想、想要修正的部分。
我的房子，會一邊住一邊修正這些部分。

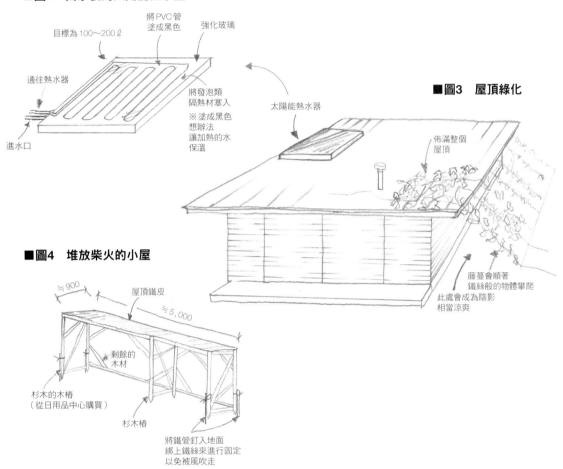

■圖2　自家製的太陽能熱水器

目標為100～200ℓ

將PVC管塗成黑色

強化玻璃

通往熱水器

將發泡類隔熱材塞入
※塗成黑色
想辦法讓加熱的水保溫

進水口

太陽能熱水器

■圖3　屋頂綠化

佈滿整個屋頂

藤蔓會順著鐵絲般的物體攀爬
此處會成為陰影
相當涼爽

■圖4　堆放柴火的小屋

≒900

屋頂鐵皮

≒5,000

剩餘的木材

杉木的木樁
（從日用品中心購買）

杉木樁

將鐵管釘入地面
綁上鐵絲來進行固定
以免被風吹走

製作太陽能熱水器

　用太陽的熱能來製造溫水。如果想用太陽能來製造家中所有的溫水，會需要相當程度的投資與工程，所以一開始可以簡單一些。多多少少將溫水流到熱水器，可以減少熱水器的負擔，瓦斯的消耗也變得更少。讓人非常想要嘗試（圖2）。

屋頂綠化

　我家周圍的藤蔓，繁殖力非常旺盛。利用這點讓藤蔓爬到屋頂，在夏天可以將陽光擋下來。在冬天葉子會自然的枯萎，不會影響到冬天的陽光。跟必須把土搬到屋頂的方式相比，應該會簡單許多（圖3）。

放柴火的小屋

　用來存放暖爐使用之柴火的設施。打算利用半天就能完成的精簡造型。這應該也會成為相當隨興的創作（圖4）。

實際動工之前

第1個月

第2個月

第3個月

第4個月

第5個月

第6個月

畠山悟的
經驗談

到頭來
令人懷念的回憶

在不安與辛苦之中蓋好屬於自己的房子，站在正面欣賞一下，各種思緒從心中湧現。只有動手蓋房子的自己才有辦法理解這份心情。沉重的疲勞與些許的高興。在充滿厭倦的生活之中，似乎出現一道小小的曙光。給人一種懷念的感覺。

畠山悟的
經驗談

住起來給人
寬敞的感覺！

完成之後實際住進去，有許多意想不到的發現。我所打造的，是15坪的小房子。雖然只有30張榻榻米的面積，住起來卻給人相當寬敞的感覺。由我自己這樣講，雖然好像是在自畫自讚，但這間房子確實擁有充分的面積，對我來說是恰到好處。因為面積不大，打掃起來相當輕鬆，1座燒柴的暖爐就能得到充分的溫度。小巧的住宅其實擁有很多優點。

附錄

確認申請所提出的資料

註：本項目中的圖面並非原寸大小，與標示的縮尺並不相符。

第二號格式（第一條之三、第二條、第三條、第三條之三關聯）

正　副　消*

*消＝消防單位

確認申請書（建築物）

（第一面）

　　按照建築基準法第6條第1項或第6條之2第1項的規定申請確認。本申請書與其附屬資料所記載之事項，與事實相符。

○○○○○○○○○○○○
○　○　○　○　　　　先生／女士

平成　　年　　月　　日

申請人姓名　　　**畠山悟**　　　　　印章

設計者姓名　　　**畠山悟**　　　　　印章

※手續費欄位			
※承辦人欄位	※消防相關同意欄	※裁決欄	※確認編號欄
平成　年　月　日			平成　年　月　日
第　　　　　號			第　　　　　號
承辦人印章			承辦人印章

（第二面）
建築所有權人之概要

【1.建築所有權人】
　【一.姓名之拼音】Hatakeyama Satoru
　【二.姓名】　　　畠山　悟
　【三.郵遞區號】000-0000
　【四.住址】　　○○○○○○○○○○○○○○○○
　【五.電話號碼】0000-00-0000
　_____

【2.代理人】
　【一.資格】　　　　　　　（　　）建築師　　（　　　　　　）登錄第　　　號
　【二.姓名】
　【三.建築師事務所名稱】（　　）建築師事務所（　　）知事登錄第　　　號

　【四.郵遞區號】
　【五.所在地】
　【六.電話號碼】
　_____

【3.設計者】
（其他設計者）
　【一.資格】　　　　　　　（　　）建築師　　（　　　　　　）登錄第　　　號
　【二.姓名】　　　　　畠山　悟
　【三.建築師事務所名稱】（　　）建築師事務所（　　）知事登錄第　　　號

　【四.郵遞區號】000-0000
　【五.所在地】　○○○○○○○○○○○○○
　【六.電話號碼】0000-00-0000
　【七.製作或確認之設計圖書】申請書所附帶之設計圖書一套

（其他設計者）
　【一.資格】　　　　　　　（　　）建築師　　（　　　　　　）登錄第　　　號
　【二.姓名】
　【三.建築師事務所名稱】（　　）建築師事務所（　　）知事登錄第　　　號

　【四.郵遞區號】
　【五.所在地】
　【六.電話號碼】
　【七.製作或確認之設計圖書】

　【一.資格】　　　　　　　（　　）建築師　　（　　　　　　）登錄第　　　號
　【二.姓名】
　【三.建築師事務所名稱】（　　）建築師事務所（　　）知事登錄第　　　號

　【四.郵遞區號】
　【五.所在地】
　【六.電話號碼】
　【七.製作或確認之設計圖書】

　【一.資格】　　　　　　　（　　）建築師　　（　　　　　　）登錄第　　　號
　【二.姓名】
　【三.建築師事務所名稱】（　　）建築師事務所（　　）知事登錄第　　　號

　【四.郵遞區號】
　【五.所在地】
　【六.電話號碼】
　【七.製作或確認之設計圖書】

（具備結構設計一級建築師或設備設計一級建築師之資格者）
上述設計者之中，
□屬於建築師法第20條之2第1項之規定者
　【一.姓名】
　【二.資格】結構設計一級建築師交付第　　　　　號
□屬於建築師法第20條之2第3項之規定者
　【一.姓名】
　【二.資格】結構設計一級建築師交付第　　　　　號
□屬於建築師法第20條之3第1項之規定者
　【一.姓名】
　【二.資格】結構設計一級建築師交付第　　　　　號
　【一.姓名】
　【二.資格】結構設計一級建築師交付第　　　　　號
　【一.姓名】
　【二.資格】結構設計一級建築師交付第　　　　　號
□屬於建築師法第20條之3第3項之規定者
　【一.姓名】
　【二.資格】結構設計一級建築師交付第　　　　　號
　【一.姓名】
　【二.資格】結構設計一級建築師交付第　　　　　號
　【一.姓名】
　【二.資格】結構設計一級建築師交付第　　　　　號

【4.對於建築設備之設計給予意見者】
（對主要建築設備之設計給予意見者）
　【一.姓名】
　【二.工作單位】
　【三.郵遞區號】
　【四.所在地】
　【五.電話號碼】
　【六.登記號碼】
　【七.給予意見之設計圖書】

（對其他建築設備之設計給予意見者）
　【一.姓名】
　【二.工作單位】
　【三.郵遞區號】
　【四.所在地】
　【五.電話號碼】
　【六.登記號碼】
　【七.給予意見之設計圖書】

　【一.姓名】
　【二.工作單位】
　【三.郵遞區號】
　【四.所在地】
　【五.電話號碼】
　【六.登記號碼】
　【七.給予意見之設計圖書】

【5.工程監理人員】
（主要之工程監理人員）
　　【一.資格】　　　　　（　　　）建築師　　（　　　　　　）登錄第　　　號
　　【二.姓名】　　畠山　悟
　　【三.建築師事務所名稱】（　　　　）建築師事務所（　　）知事登錄第　　　號

　　【四.郵遞區號】000-0000
　　【五.所在地】　○○○○○○○○○○○○○○
　　【六.電話號碼】0000-00-0000
　　【七.製作或確認之設計圖書】申請書所附帶之設計圖書一套

（其他的工程監理人員）
　　【一.資格】　　　　　（　　　）建築師　　（　　　　　　）登錄第　　　號
　　【二.姓名】
　　【三.建築師事務所名稱】（　　　　）建築師事務所（　　）知事登錄第　　　號

　　【四.郵遞區號】
　　【五.所在地】
　　【六.電話號碼】
　　【七.製作或確認之設計圖書】

　　【一.資格】　　　　　（　　　）建築師　　（　　　　　　）登錄第　　　號
　　【二.姓名】
　　【三.建築師事務所名稱】（　　　　）建築師事務所（　　）知事登錄第　　　號

　　【四.郵遞區號】
　　【五.所在地】
　　【六.電話號碼】
　　【七.製作或確認之設計圖書】

　　【一.資格】　　　　　（　　　）建築師　　（　　　　　　）登錄第　　　號
　　【二.姓名】
　　【三.建築師事務所名稱】（　　　　）建築師事務所（　　）知事登錄第　　　號

　　【四.郵遞區號】
　　【五.所在地】
　　【六.電話號碼】
　　【七.製作或確認之設計圖書】

【6.工程之施工人員】
　　【一.姓名】　畠山　悟
　　【二.營業所名稱】　　建設業之許可（　　　）第　　　號

　　【三.郵遞區號】000-0000
　　【四.所在地】　○○○○○○○○○○○○○○
　　【五.電話號碼】0000-00-0000

【7.備註】　　　自己施工
（建築物之名稱或工程名稱）
　　【名稱之拼音】Hatakeyama Tei Shinchiku Kouji
　　【名稱】　　畠山邸新建工程

（第三面）

建築物及該用地之相關事項

【1.地名地號】○○○○○○○○○○○○○○○○

【2.居住標示】○○○○○○○○○○○○○○○○

【3.都市計劃區域及準都市計劃區域之內外的區分】
　　■都市計劃區域內（□市街化區域　□市街化調整區域　■沒有設定區域之區分）
　　□準都市計劃區域內　□都市計劃區域及準都市計劃區域外

【4.防火地區】　　□防火地區　　□準防火地區　　■無指定

【5.其他區域、地域、地區或街區】

【6.道路】
　　【一.寬度】　　　　　　　　　10.0100 m
　　【二.與用地相接之部分的長度】　8.000 m

【7.用地面積】
　　【一.用地面積】　　⑴（　　389.18　）（　　　　　）（　　　　　）（　　　　　）㎡
　　　　　　　　　　　　⑵（　　　　　　）（　　　　　）（　　　　　）（　　　　　）㎡
　　【二.用途地區等】　（　沒有指定　）（　　　　　）（　　　　　）（　　　）
　　【三.建築基準法第52條第1項及第2項之規定所制定的建築物之容積率】
　　　　　　　　　　　（　200.00　）（　　　　　）（　　　　　）（　　　）%
　　【四.建築基準法第53條第1項的規定所制定的建築物之建蔽率】
　　　　　　　　　　　（　60.00　）（　　　　　）（　　　　　）（　　　）%
　　【五.用地面積的合計】　⑴　389.18　㎡
　　　　　　　　　　　　　　⑵　　　　　　㎡
　　【六.用地內可建築之地板面積除以用地面積的數據】　　200.00　%
　　【七.用地內可建築之建築面積除以用地面積的數據】　　60.00　%
　　【八.備註】

【8.主要用途】（區分　08010）獨棟住宅

【9.工程類別】
　　■新建　□加蓋　□改建　□轉移　□用途變更　□大規模之修繕　□大規模的模樣變更

【10.建築面積】　　　　　（申請部分　　　　）（申請以外之部分）（合計　　　　　）
　　【一.建築面積】　　　（　　52.17　㎡）（　　　㎡）（　　52.17　㎡）
　　【二.建蔽率】　　　13.41 %

【11.地板面積】　　　　　（申請部分　　　　）（申請以外之部分）（合計　　　　　）
　　【一.建築物整體】　　（　　52.17　㎡）（　　　㎡）（　　52.17　㎡）
　　【二.底層*之住宅的部分】（　　　㎡）（　　　㎡）（　　　㎡）
　　【三.共同住宅所共用之走廊等部分】
　　　　　　　　　　　　（　　　㎡）（　　　㎡）（　　　㎡）
　　【四.汽車之車庫等部分】（　　　㎡）（　　　㎡）（　　　㎡）
　　【五.儲藏用倉庫的部分】（　　　㎡）（　　　㎡）（　　　㎡）
　　【六.裝設蓄電池的部分】（　　　㎡）（　　　㎡）（　　　㎡）
　　【七.裝設自家發電設備的部分】
　　　　　　　　　　　　（　　　㎡）（　　　㎡）（　　　㎡）
　　【八.裝設蓄水槽的部分】（　　　㎡）（　　　㎡）（　　　㎡）
　　【九.住宅的部分】　　（　　52.17　㎡）（　　　㎡）（　　52.17　㎡）
　　【十.地板面積】　　52.17　㎡
　　【十一.容積率】　　13.41 %

　　　　　　　　　　*底層（地階）：地板在地基面以下（地下），低於地基面
　　　　　　　　　　的距離為天花板高度之1/3以上的樓層

164

【12.建築物之數量】
　　【一.與申請相關之建築物的數量】　1
　　【二.同一用地內之其他建築物的數量】

【13.建築物的高度等】　　　　（與申請相關之建築物　）（其他建築物　　　　　）
　　【一.最高高度】　　　　（　　　　3.044 m）（　　　　　　　　m）
　　【二.樓層數量】　　地上（　　　　　　1）（　　　　　　）
　　　　　　　　　　　地下（　　　　　　）（　　　　　　）
　　【三.構造】　　　　　　木造　　造　　一部分　　　　　　　造
　　【四.建築基準法第56條第7項所規定之特別案例是否適用】　　□是　■否
　　【五.如有適用時，特別案例之分類】
　　　　□不適用於道路高度的限制　□不適用於鄰地高度的限制　□不適用於北側高度的限制

【14.許可、認證等】

【15.工程著手預定日期】　平成 ○○ 年 ○○ 月 ○○ 日

【16.工程完成預定日期】　平成 ○○ 年 ○○ 月 ○○ 日

【17.特定工程完成預定日期】　　　　　　　　（特定工程）
　　（第　1次）　平成○○年○○月○○日（　　屋頂骨架金屬零件裝設完成時　　　　）
　　（第　　次）　平成　　年　　月　　日（　　　　　　　　　　　　　　　）
　　（第　　次）　平成　　年　　月　　日（　　　　　　　　　　　　　　　）

【18.其他之必要事項】

【19.備註】

（第四面）

各建築物之概要

【1. 編號】　1
___

【2. 用途】　（區分　08010　）獨棟住宅
　　　　　　（區分　　　　　）
　　　　　　（區分　　　　　）
　　　　　　（區分　　　　　）
　　　　　　（區分　　　　　）
___

【3. 工程類別】
　　■新建　□加蓋　□改建　□轉移　□用途變更　□大規模之修繕　□大規模的模樣變更
___

【4. 構造】　　　　　　　木造　　　　一部分　　　　　　造
___

【5. 耐火建築物】　其他
___

【6. 樓層】
　　【一. 底層以外之樓層數量】　　　1層樓
　　【二. 底層之樓層數量】
　　【三. 升降機等設備之樓層數量】
　　【二. 底層倉庫等設施之樓層數量】
___

【7. 高度】
　　【一. 最高高度】　　　　　　3.044 m
　　【二. 最高屋簷高度】　　　2.956 m
___

【8. 建築設備之種類】電氣、瓦斯、供水與排水、換氣、化糞池
___

【9. 確認之特殊案例】
　　【一. 建築基準法第6條之3第1項所規定之確認之特殊案例是否適用】　□是　■否
　　【二. 如有適用，建築基準法施行令第10條各號所刊載之建築物的區分】
　　　　　　　　　　　　　　　　　　　　　　　第　　　　　　　號
　　【三. 如屬於建築基準法施行令第10條第1號或第2號所刊載之建築物時，
　　　　　該認定型式之認定編號】　　　　　　　第　　　　　　　號
　　【四. 如屬於建築基準法第68條之20第1項所刊載之認定型式之零件時，該認定型式之認
　　　　　定編號】
___

【10. 地板面積】　　　　（申請部分　　　）（申請以外之部分）（合計　　　　　　）
　　【一. 各樓層】（ F1階）（　　52.17　㎡）（　　　　　㎡）（　　52.17　㎡）
　　　　　　　　（　　階）（　　　　　㎡）（　　　　　㎡）（　　　　　㎡）
　　　　　　　　（　　階）（　　　　　㎡）（　　　　　㎡）（　　　　　㎡）
　　　　　　　　（　　階）（　　　　　㎡）（　　　　　㎡）（　　　　　㎡）
　　　　　　　　（　　階）（　　　　　㎡）（　　　　　㎡）（　　　　　㎡）
　　　　　　　　（　　階）（　　　　　㎡）（　　　　　㎡）（　　　　　㎡）
　　【二. 合計】　　　　（　　52.17　㎡）（　　　　　㎡）（　　52.17　㎡）
___

【11. 屋頂】Galvalume鋼板　厚0.4　瓦棒鋪設
___

【12. 外牆】胴緣　鋪設木板　厚10
___

【13. 屋簷內側】椴木合板　厚6
___

【14. 室內生活空間之地板高度】300（土間 混凝土底層）
___

【15. 廁所之種類】　水洗（化糞池）
___

【16. 其他必要事項】住宅用防火器具
___

【17. 備註】
___

建築物各樓層之概要

【1.編號】1

【2.樓層】F1

【3.柱子直徑】　　　　　　　　105㎜

【4.橫架建材之間的垂直距離】　2381㎜

【5.樓層高度】

【6.室內生活空間之天花板高度】2100㎜

【7.各種用途之地板面積】

	（用途區分　　　）	（用途之具體名稱　）	（地板面積　　　　）
【一.】	（　　　08010　　）	（**獨棟住宅**　　）	（　　　52.17　㎡）
【二.】	（　　　　　　）	（　　　　　）	（　　　　㎡）
【三.】	（　　　　　　）	（　　　　　）	（　　　　㎡）
【四.】	（　　　　　　）	（　　　　　）	（　　　　㎡）
【五.】	（　　　　　　）	（　　　　　）	（　　　　㎡）
【六.】	（　　　　　　）	（　　　　　）	（　　　　㎡）

【8.其他之必要事項】

【9.備註】

（第五面）

建築物各樓層之概要

【1.編號】

【2.樓層】

【3.柱子直徑】

【4.橫架建材之間的垂直距離】

【5.樓層高度】

【6.室內生活空間之天花板高度】

【7.各種用途之地板面積】

	（用途區分　　　）	（用途之具體名稱　）	（地板面積　　　　）
【一.】	（　　　　　　）	（　　　　　）	（　　　　㎡）
【二.】	（　　　　　　）	（　　　　　）	（　　　　㎡）
【三.】	（　　　　　　）	（　　　　　）	（　　　　㎡）
【四.】	（　　　　　　）	（　　　　　）	（　　　　㎡）
【五.】	（　　　　　　）	（　　　　　）	（　　　　㎡）
【六.】	（　　　　　　）	（　　　　　）	（　　　　㎡）

【8.其他之必要事項】

【9.備註】

計劃概要

工程名稱	畠山邸 新建工程
建物所有權人	畠山 悟
建築物位置	○○○○○○○○○○○○○○○○○

面積表

用地面積		389.18㎡
	建築面積	52.17㎡
	1樓地板面積	52.17㎡
地板面積		52.17㎡

地域地區	用途地區無指定	沒有指定防火地區	
	建蔽率	60 %	13.41% ＜ 60 %
	容積率	200%	13.41% ＜ 200 %
構造	木造		
高度	最高高度	3044	
	最高屋簷高度	2956	

設備概要

供水	以供水管供應
熱水	以瓦斯熱水器供應
排水	合併式化糞池　排水為路旁排水溝
瓦斯	廚房、熱水器 使用液化石油氣
住宅用防災器具	廚房、室內生活空間設置煙霧感測器
換氣	自然換氣、第3種機械換氣

附近外觀之草圖

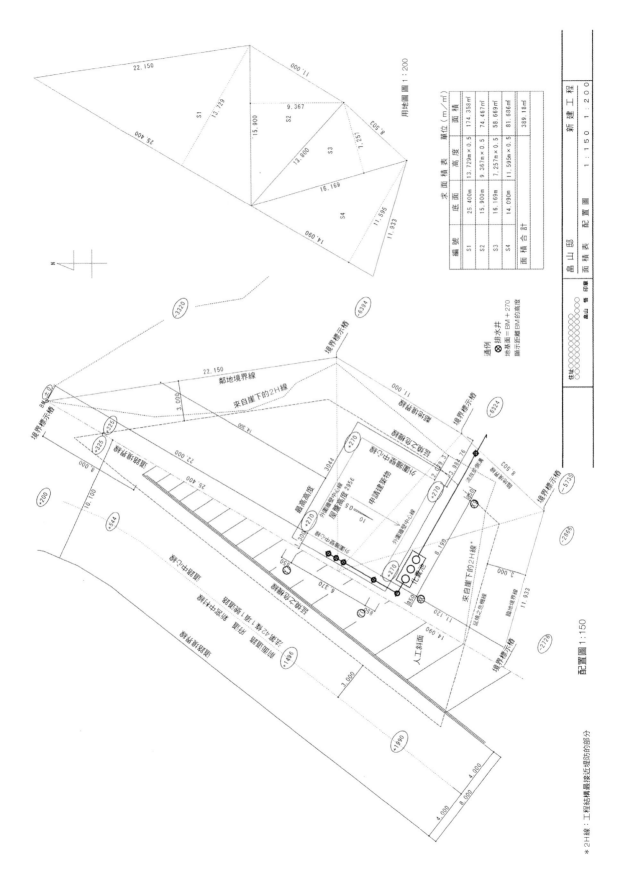

用地圖圖 1：200

配置圖 1：150

＊2H線：工程結構最靠近堤防的部分

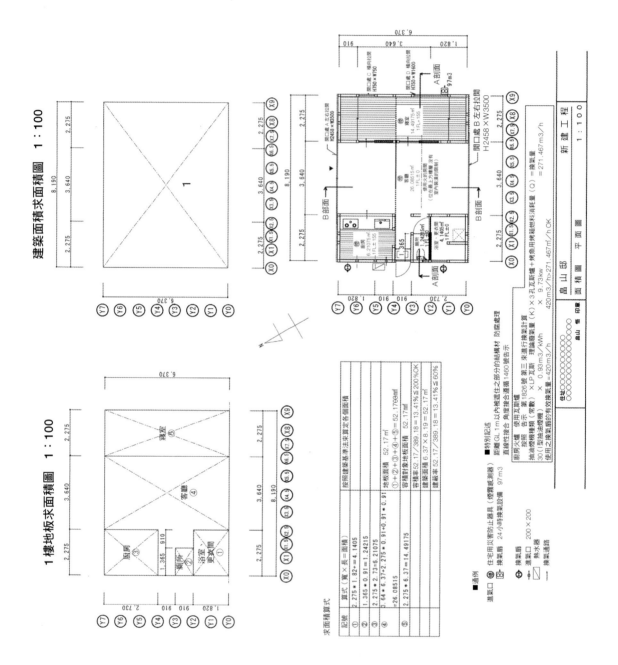

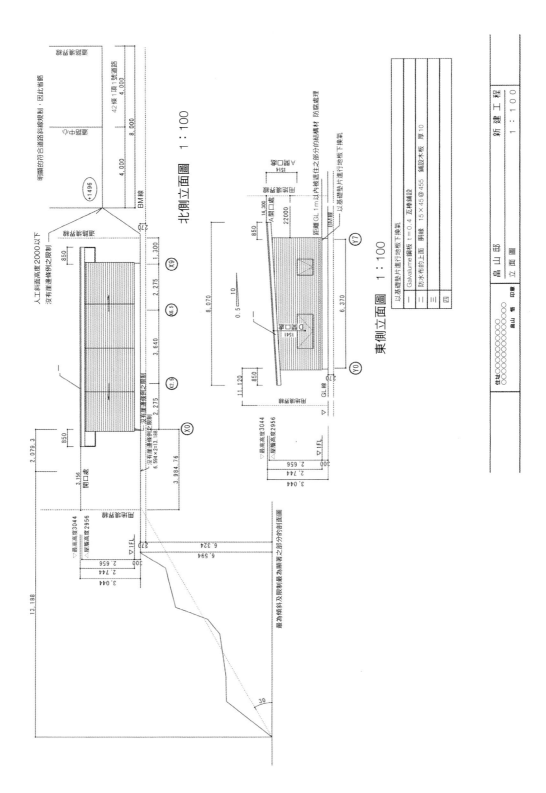

北側立面圖 1：100

東側立面圖 1：100

畠山邸　立面圖

新建工程

1：100

住址○○○○○○○○○○○○
印鑑　畠山　悟

以基礎墊片進行地板下換氣

一　Galvalume鋼板　t＝0.4　瓦棒鋪設
二　防水布的上面　胴緣　15×45@455　鋪設木板　厚10
三
四

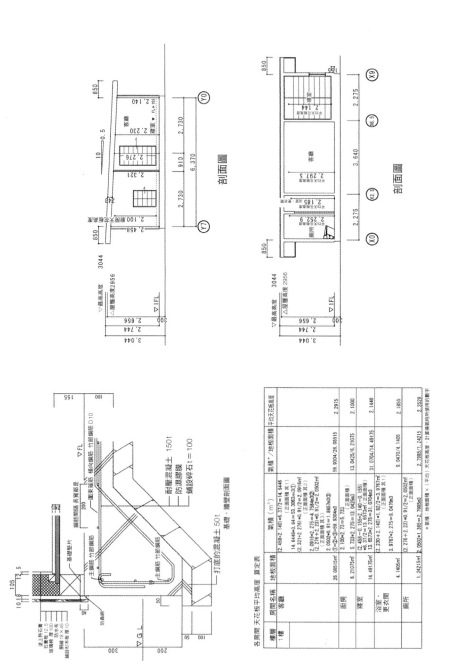

剖面圖

剖面圖

基礎・牆垣剖面圖

各房間天花板平均高度 算定表

樓層	房間名稱	地板面積	容積（m³）	容積*/地板面積	平均天花板高度
1樓	客廳	26.08515㎡	(2.458×2.140)×6.37/2=14.6446（正面面積 其1） 14.6446×3.64=53.3063m×3） (2.321×2.276)×0.91/2=2.0916㎡（正面面積 其2） (2.0916×2.275=4.754㎡×3) (2.276×2.23)×0.91/2=2.0502㎡（正面面積 其3） (2.0502×0.91=1.865㎡×3) ①~②~③=59.9304㎡3	59.9304/26.08515	2.2975
	厨房	6.2107㎡	2.100×2.73=5.733 (2.458-0.155×2.140=0.155) 5.733×2.275=13.0425㎡3	13.0425/6.21075	2.1000
	餐室	14.49175㎡	(2.458-0.155×2.140=0.155) 31.653㎡（正面面積） 31.653×2.275=31.070㎡3	31.0704/14.49175	2.1440
	浴室、更衣間	4.1405㎡	3.9767×2.275=3.9767㎡（正面面積 其1） （正面面積 其2） 3.9767×2.275=9.040㎡3	9.0470/4.1405	2.1850
	廁所	1.24215㎡	(2.276×2.23)×0.91/2=2.0502㎡ (2.0502×1.365=2.79865㎡)（正面面積）	2.79985/1.24215	2.2529

*容積：地板面積×（平均）天花板高度 ·計算建築架時所使用的數字

住址 ○○○○○○○○○
畠山 悟 印鑑
畠山邸
剖面圖　各房間算定表　1：100　1：10
新建工程

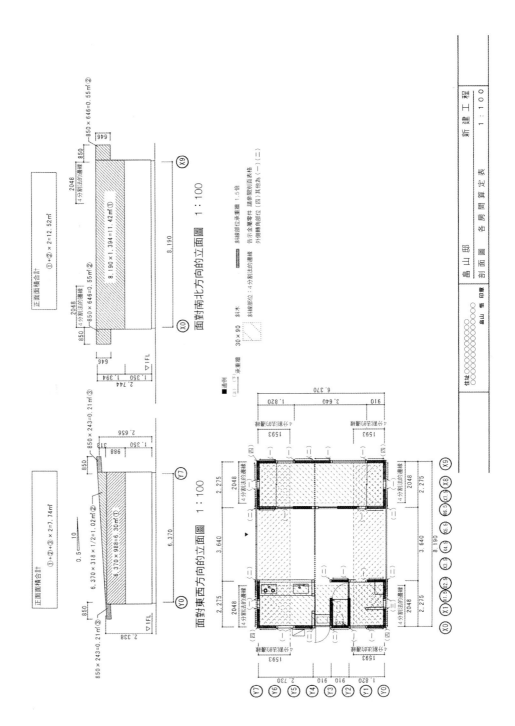

面對南北方向的立面圖　1：100

面對東西方向的立面圖　1：100

正面面積合計
①+②　×2=12.52㎡

正面面積合計
①+②+③　×2=7.74㎡

■通柱　（下）承重牆
（上）斜線部位：4分割法的邊緣

斜線固定承重牆　請參照附頁表格
告示金屬零件　請參照附頁表格 1.5倍
外側轉角部位（四）其他為（一）（二）

斜木　30×90

■圖例

畠山　邸　新　建　工　程　1：100

剖面圖　各房間算定表

住址○○○○○○○

畠山　悟　印鑑

國土交通省告示　1460號

| 木造結構之水平接合與角度接合之方法 | 國土交通省告示 |

表1（部分平房或頂樓的柱子）

軸組的種類		轉角的柱子	其他軸組邊緣的柱子
牆上的柱子或隔間柱的單側或兩側，設有木摺（木製底板）或其他類似之構造的軸組		表3（一）	表3（一）
使用厚度1.5cm以上、寬9cm以上之斜木，或直徑9mm以上的斜鋼筋的軸組		表3（二）	表3（一）
使用厚3cm以上、寬9cm以上之斜木的軸組	斜木的下方為裝設用的柱子	表3（二）	表3（一）
	其他的柱子	表3（四）	表3（二）
使用厚度1.5cm以上、寬9cm以上之斜木來做交差結構，或直徑9mm以上的斜鋼筋來做交差結構的軸組		表3（四）	表3（二）
使用厚度4.5cm以上寬9cm以上之斜木的軸組	斜木的下方為裝設用的柱子	表3（三）	表3（二）
	其他的柱子	表3（五）	
結構用合板等，牆壁用昭和56年建設省告示的第1100號別表第1（1）項或（2）項所規定之方法固定的軸組		表3（五）	表3（二）
用厚3cm以上、寬9cm以上的斜木做交差結構的軸組		表3（七）	表3（三）
用厚4.5cm以上寬9cm以上的斜木做交差結構的軸組		表3（七）	表3（四）

印

表3

（一）	用短的凸榫插入，釘上ㄇ型釘或以同等強度的方式固定
（二）	用長的凸榫插入，並打上木栓，或是蓋上厚2.3mm的L型鋼片，對柱子跟橫架的建材分別用5根圓鐵釘以平打來固定，或其他具有同等強度的固定方式
（三）	蓋上厚2.3mm的T型鋼片，對柱子跟橫架的建材分別用長6.5cm的5根圓鐵釘以平打來固定，或是蓋上厚2.3mm的V型鋼片，對柱子跟橫架的建材分別用長9cm的4根圓鐵釘以平打來固定，或其他具有同等強度的固定方式
（四）	蓋上厚3.2mm的鋼片，對焊接的金屬零件使用直徑12mm的螺栓，對柱子使用直徑12mm的螺栓鎖緊，對橫架的建材用厚4.5mm、40mm×40mm的方形金屬墊片鎖上螺帽，或是蓋上厚3.2mm的鋼片，對上下樓連續的柱子分別鎖上直徑12mm的螺栓，或其他具有同等強度的固定方式
（五）	蓋上厚3.2mm的鋼片，對焊接的金屬零件使用直徑12mm的螺栓，對柱子使用直徑12mm的螺栓鎖緊並釘上長50mm、直徑4.5mm的螺旋釘，對橫架的建材用厚4.5mm、40mm×40mm的方形金屬墊片鎖上螺帽，或是蓋上厚3.2mm的鋼片，對上下樓連續的柱子分別鎖上直徑12mm的螺栓並釘上長50mm、直徑4.5mm的螺旋釘，或其他具有同等強度的固定方式
（六）	蓋上厚3.2mm的鋼片，對柱子使用2根直徑12mm的螺栓，對橫架的建材、水泥基層或上下樓連續的柱子蓋上對應的鋼片，透過直徑16mm的螺栓緊緊結合，或其他具有同等強度的固定方式
（七）	蓋上厚3.2mm的鋼片，對柱子使用3根直徑12mm的螺栓，對橫架的建材（底層除外）、水泥基層或上下樓連續的柱子蓋上對應的鋼片，透過直徑16mm的螺栓緊緊結合，或其他具有同等強度的固定方式
（八）	蓋上厚3.2mm的鋼片，對柱子使用4根直徑12mm的螺栓，對橫架的建材（底層除外）、水泥基層或上下樓連續的柱子蓋上對應的鋼片，透過直徑16mm的螺栓緊緊結合，或其他具有同等強度的固定方式
（九）	蓋上厚3.2mm的鋼片，對柱子使用5根直徑12mm的螺栓，對橫架的建材（底層除外）、水泥基層或上下樓連續的柱子蓋上對應的鋼片，透過直徑16mm的螺栓緊緊結合，或其他具有同等強度的固定方式
（十）	使用2組（七）所提到的接口

印

以建築基準法施行令 第46條第4項為基準的斜木計算表（1）

	南北（在下欄填入東西方向的數據）						東西（在下欄填入南北方向的數據）					

地板面積所需要的軸組長度
閣樓 Ah／2.1

地板面積

52.17 ㎡x　0.11　＝　5.7387

屋頂輕 0.11 m／㎡
屋頂重　　 m／㎡

東西方向正面面積的必要牆壁數量
7.74 ㎡x　　0.5 m／㎡＝　3.87 m

南側邊緣必要牆壁數量
1.593　mx　8.19　mx　0.11　m＝　1.435
mx　　　mx　　　m＝
mx　　　mx　　　m＝

北側邊緣必要牆壁數量　　　　　　合計　1.435
1.593　mx　8.19　mx　0.11　m＝　1.435
mx　　　mx　　　m＝
mx　　　mx　　　m＝
1.435

南北方向正面面積的必要牆壁數量
12.52 ㎡x　　0.5 m／㎡＝　6.26 m

東側邊緣必要牆壁數量
2.048　mx　6.37　mx　0.11　m＝　1.435
mx　　　mx　　　m＝
mx　　　mx　　　m＝

西側邊緣必要牆壁數量　　　　　　　　　1.435
2.048　mx　6.37　mx　0.11　m＝　1.435
mx　　　mx　　　m＝
mx　　　mx　　　m＝
1.435

2層樓建築1樓的部分

牆壁、軸組的種類					東西方向的牆壁長度		存在的牆壁數量 — 南側			北側			南北方向的牆壁長度		存在的牆壁數量 — 東側			北側		
種類	厚度	寬度	軸組長度	倍率	數量	有效軸組長度	數量	有效軸組長度	牆量充足率	數量	有效軸組長度	牆量充足率	數量	有效軸組長度	數量	有效軸組長度	牆量充足率	數量	有效軸組長度	牆量充足率
木材	3	9	0.91	1.5	8	10.92	4	5.46			4	5.46	12	16.38	4	5.46		4	5.46	
交差	3	9	0.91	3		0		0			0			0		0			0	
木材	4.5	9	0.91	2		0		0			0			0		0			0	
交差	4.5	9	0.91	4		0		0			0			0		0			0	
木材	3	9	1.365	1.5	1	2.048		0	3.80		0	3.80		0		0	3.80		0	3.80
						0		0			0			0		0			0	
						0		0			0			0		0			0	
						0		0			0			0		0			0	
合計					Ok	12.97	ok	5.46		ok	5.46		ok	16.38	ok	5.46		ok	5.46	
判定							牆壁比率		1≧0·5　OK								1≧0.5　OK			

住所○○○○○○○○○○○○○○
○○○○○○○○○○

畠山　悟　　　　　　　印章

室內生活空間每小時的機器換氣設備（第3種換氣）※不屬於換氣通路的置物間、收納不在此內

換氣計算表

樓層	房間名稱	地板面積（㎡）	平均天花板高度（m）	氣積（㎡）	換氣類別	自然換氣	換氣機具的排氣量（A）（㎡/h）	換氣次數（n）
1樓	客廳	26.08515	2.2975	59.93	第3種換氣方式（自然吸氣與機械排氣）			
	廚房	6.21075	2.2	13.66		1處		
	寢室	14.49175	2.144	31.07			97	
	浴室、更衣間	4.1405	2.185	9.05				
	廁所	1.24215	2.2529	2.80				
				0.00				
	合計			116.51			97	0.833 OK

採光、換氣算定表①

窗戶的記號	窗戶種類	有效採光（窗戶面積）		有效換氣面積		房間名稱	地板面積
		W	× H	窗戶面積	×有效面積		
A	左右拉開	3.5	2.458	8.603	1	客廳　廚房	32.2959
		=	8.603	=	8.603		
D	橫向拉開	1.6	0.75	1.2	1	寢室	14.4918
		=	1.2	=	1.2		

採光、換氣算定表②

窗戶的記號	a必要採光面積		b有效採光面積		判定 a≦b	c必要換氣面積		d有效換氣面積	判定 c≦d
	房間面積×係數		窗戶面積×算定值（採光補正係數）			房間面積×係數			
A	32.2959	1／7	8.603	3	OK	32.2959	1／20	8.603	OK
	=	4.614	=	25.809		=	1.615		
D	14.49175	1／7	1.2	3	OK	14.49175	1／20	1.2	OK
	=	2.070	=	3.6		=	0.725		

採光補正係數	開口處 A的算定值	14.3/1.514*10-1	=	93.452	>3 算定值 3
採光補正係數	開口處 D的算定值	3.156/1.541*10-1	=	19.480	>3 算定值 3

住址○○○○○○○○○○○○○○○○
○○○○○○○○○○

畠山　悟　　　　　　　　　　印章

■ 排氣機具有效換氣量計算表 FY-12PFE8D ＋ FY-MCX062

有效換氣量	(m³/h)	97	計算路徑	
			管理NO.	

					房間名稱
					本體吸入
1次 通風管	風量 Q	(m³/h)		(1)	97.00
	基準風量 Qs	(m³/h)		(2)	240
	管徑 D	(m)		(3)	0.150
	基準動壓 Pv	(Pa)		(4)	8.61
	管線長度 L	(m)		(5)	0.00
	摩擦係數 λ			(6)	0.020
	彎區部位的 ζ	(R/d)=1		(7)	0.22
	彎區部位的數量			(8)	0
(一)	=[(6)×(5)/(3)+(7)×(8)]×(4)×[(1)/(2)]^2				0.00
室外末端	室外末端 ζ			(9)	1.60
(二)	=(9)×(4)×[(1)/(2)]^2				2.25
	Pr＝（一）＋（二）				2.25

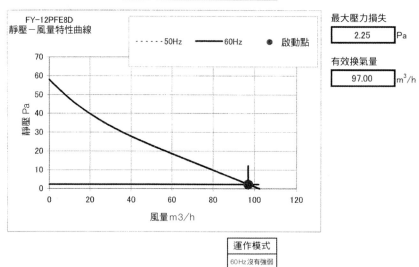

FY-12PFE8D
靜壓－風量特性曲線

----- 50Hz　—— 60Hz　● 啟動點

最大壓力損失

| 2.25 | Pa |

有效換氣量

| 97.00 | m³/h |

運作模式

60Hz沒有強弱

※ 管狀換氣扇（Pipe Fan）－風量特性曲線，含有PVC管0.3m的阻力。（社）日本電機工業會規格（JEM I386）
※ 本計算是以建築基準法以及施行令等（病屋對策）為基準所計算出來的數據。
　實際風量會隨著住宅性能、裝設條件而不同。

松下環境系統有限公司　換氣扇

印

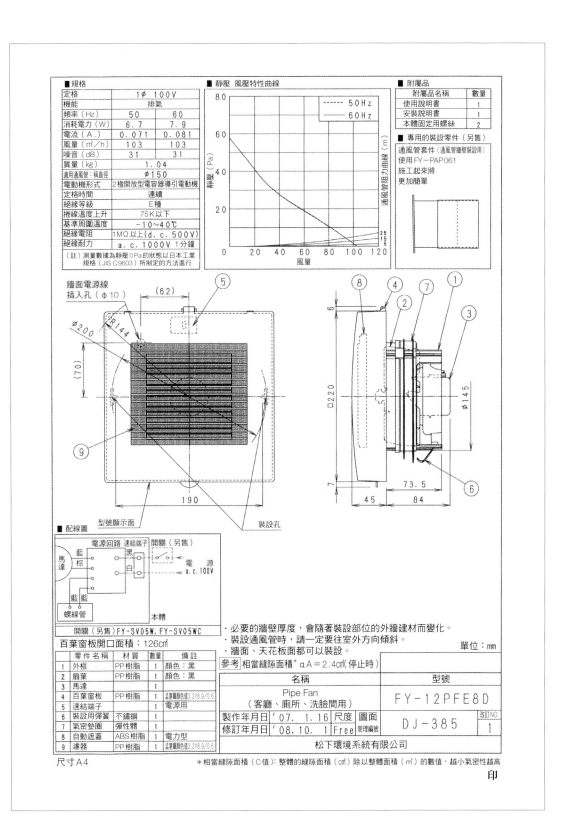

■規格

定格	1φ 100V	
機能	排氣	
頻率（Hz）	50	60
消耗電力（W）	6.7	7.9
電流（A.）	0.071	0.081
風量（m³/h）	103	103
噪音（dB）	31	31
質量（kg）	1.04	
適用通風管：稱直徑	φ150	
電動機形式	2極開放型電容器導引電動機	
定格時間	連續	
絕緣等級	E種	
捲線溫度上升	75K以下	
基準周圍溫度	−10〜40℃	
絕緣電阻	1MΩ以上（d.c.500V）	
絕緣耐力	a.c.1000V 1分鐘	

（註）測量數據為靜壓0Pa的狀態以日本工業
規格（JIS C9603）所制定的方法進行

■ 靜壓 風壓特性曲線

■ 附屬品

附屬品名稱	數量
使用說明書	1
安裝說明書	1
本體固定用螺絲	2

■ 專用的裝設零件（另售）

通風管套件（通風管牆壁裝設用）
使用FY−PAP061
施工起來將
更加簡單

牆面電源線
插入孔（φ10）

■ 配線圖

開關（另售）FY-SV05W, FY-SV05WC

百葉窗板開口面積：126c㎡

零件名稱	材質	數量	備註
1	外框	PP樹脂	1	顏色：黑
2	扇葉	PP樹脂	1	顏色：黑
3	馬達		1	
4	百葉窗板	PP樹脂	1	孟賽爾顏色值3.2Y8.9/0.6
5	速結端子		1	電源用
6	裝設用彈簧	不鏽鋼	1	
7	氣密墊圈	彈性體	1	
8	自動遮檔	ABS樹脂	1	電力型
9	濾器	PP樹脂	1	孟賽爾顏色值3.2Y8.9/0.6

· 必要的牆壁厚度，會隨著裝設部位的外牆建材而變化。
· 裝設通風管時，請一定要往室外方向傾斜。
· 牆面、天花板面都可以裝設。

參考 相當縫隙面積* αA＝2.4c㎡（停止時）

單位：mm

名稱	型號
Pipe Fan（客廳、廁所、洗臉間用）	FY-12PFE8D

製作年月日	'07. 1.16	尺度	圖面	DJ-385	改訂NO. 1
修訂年月日	'08.10. 1	Free	管理編號		

松下環境系統有限公司

尺寸A4

＊相當縫隙面積（C值）：整體的縫隙面積（c㎡）除以整體面積（㎡）的數值，越小氣密性越高

印

內部 表面材質列表

房間名稱	地板 表面材質 底層		厚	牆壁 踢腳板 表面材質	H	厚	牆壁 表面材質 底層	厚	天花板 表面材質 底層	厚	備註
1樓 浴室 更衣間	混凝土表面處理	規定外	150				鋪設木板・石膏板上面鋪設和紙 一部分為磁磚 規定外（F☆☆☆☆）	12.5	鋪木合板 在砂類材料的表面塗裝 規定外（F☆☆☆☆）	6	
廁所	混凝土表面處理	規定外	150				石膏板上面鋪設和紙 一部分為磁磚 規定外（F☆☆☆☆）	12.5	鋪木合板 規定外（F☆☆☆☆）	6	
廚房	無垢材 異接鋪設	規定外	30				鋪設木板・石膏板上面鋪設和紙 一部分為磁磚 規定外（F☆☆☆☆）	12.5	鋪木合板 規定外（F☆☆☆☆）	6	
客廳	混凝土表面處理 無塗裝品 直接鋪設	規定外	150				鋪設木板・石膏板上面鋪設和紙 規定外（F☆☆☆☆）	12.5	鋪木合板 規定外（F☆☆☆☆）	6	
寢室	無垢材 無塗裝品 直接鋪設	規定外	30				鋪設木板・石膏板上面鋪設和紙 規定外（F☆☆☆☆）	12.5	鋪木合板 規定外（F☆☆☆☆）	6	

室外表面材質列表

基礎	鋼筋混凝土・一般安基礎	
外牆	防水・透濕布 透氣用橫鋪橫 45×18 鋪設木合板 厚10	
屋簷內側	鋪木合板	
室外開口處	木製門窗	
屋頂	屋頂底板・結構用合板・特殊厚・厚24mm 透氣屋面材940 Galvalume彩色鋼板 厚0.4mm 瓦棒鋪設	

備註

天花板內側等與甲醛相關的對策

天花板內側等	所有的間隙	
1F 小屋	使用規定外的材料	
1F 地板內側	使用規定外的材料	
外牆	使用規定外的材料	
底端用隔空	使用規定外的材料	

防止甲醛之擇發致成衛生問題的構造

種類	機械換氣設備（第3種換氣）	
換氣次數	（如下述）	
房間出入口通風措施	門板下方開1cm的空隙	
機械換氣裝置設設場所	寢室	

住址 ○○○○○○○○○○ 印鑑 畠山 慎 畠山 邸 新 建 工 程
表面材質列表 1：100

*特類合板・可在平常或高濕度狀態的環境下裝設・使用
備註 ＊特類合板・可在平常或高濕度狀態的環境下裝設・使用

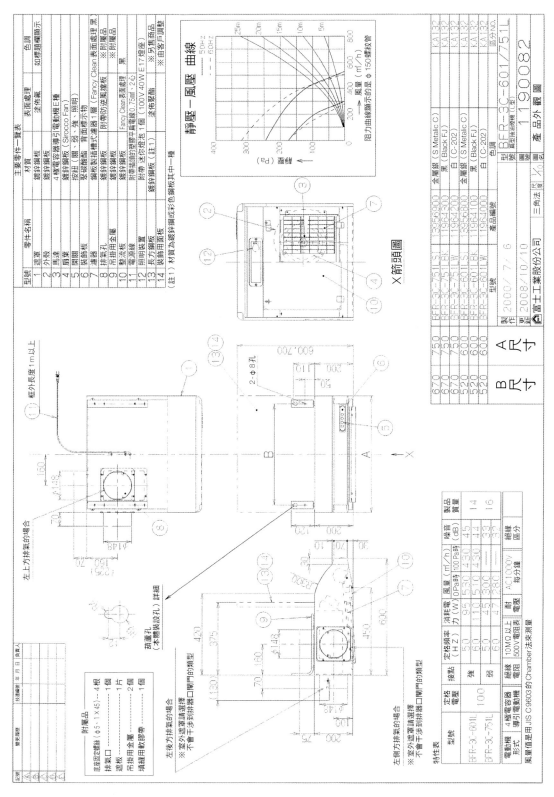

印

主要零件一覽表

型號	零件名稱	材質	表面處理	色調
1	遮罩	鍍鋅鋼板		如標題欄顯示
2	外殼	鍍鋅鋼板	塗佈氟	
3	馬達	4極電容器導引電動機E種		
4	扇葉	鍍鋅鋼板（Sirocco Fan）		
5	開關	按鈕（關、弱、強、照明）		
6	裝飾板	聚胺酸酯	背面標示物	
7	濾器	鋼板製插槽式濾器1層（Fancy Clean表面處理）		黑
8	排氣孔	鍍鋅鋼板	附帶防逆風擋板	※附屬品
9	吊掛用金屬	鍍鋅鋼板		※附屬品
10	整流板	鍍鋅鋼板	Fancy Clean表面處理	黑
11	電源線	附帶插頭的塑膠平扁電線0.75㎟×2心		
12	照明裝置	迷你燈泡1個（100V 40W E17燈座）		※另售商品
13	長方鋼板	鍍鋅鋼板		
14	裝飾用面板	鍍鋅鋼板其中一種	塗佈聚酯	※由客戶調整

（註1）材質為鍍鋅鋼彩色鋼板色調調整

靜壓－風壓 曲線

（阻力曲線顯示的是φ150螺紋管）

X箭頭圖

型號	A尺寸	B尺寸					產品編號
BFR-3C-751LS	750	670			金屬銀（S Metalic C）		1356900	KA132
BFR-3C-751LBk	750	670			黑（Black FJ）		1964300	KA132
BFR-3C-751LW	750	670			白（C-202）		1964200	KA132
BFR-3C-601LS	600	520			金屬銀（S Metalic C）		1356900	KA132
BFR-3C-601LBk	600	520			黑（Black FJ）		1964100	KA132
BFR-3C-601LW	600	520			白（C-202）		1964000	KA132
	A尺寸	B尺寸	型號	BFR-3C-601/751L			圖面NO.

型號 BFR-3C-601/751L

圖名 產品外觀圖

三角法 尺寸 1/10

圖號 119008 2

製作 2000/7/6

更新 2008/10/10

富士工業股份有限公司

特性表

型號	定額電壓	4檔電容器導引電動機	接點	定格頻率(HZ)	消耗電力(W)	風量(m³/h) 0Pa時 / 100Pa時	噪音(dB)	電壓	絕緣	製品質量
BFR-3C-601L	100		強	50	95	530 / 430	45	耐 AC1000V	10MΩ以上 500V電阻表	14
				60	110	510 / 430	44			
BFR-3C-751L			弱	50	45	300	33			16
				60	47	280	33			

風量值是用JIS C9603的Chamber法來測量

左上方排氣的場合

※室外遮罩請選擇
不會干涉到排氣器口閘門的類型

框外長度1m以上

附屬品 一覽表

底座固定螺絲（φ5×45）4根	1個
排氣孔	1個
遮板	1片
吊掛用金屬	2個
填縫用軟膠帶	1個

後壁裝設孔詳細
（本機裝設孔）
（500V電阻表）

左後方排氣的場合

※室外遮罩請選擇
不會干涉到排氣器口閘門的類型

左側方排氣的場合

※室外遮罩請選擇
不會干涉到排氣器口閘門的類型

2-φ8孔

600,700

記事 變更履歷 技術編號 月 日 負責人

181

Pre-cut圖面

案件編號	09-2648		
姓名	畠山先生宅第 柱子、底座加工資料＊		
建築場所			
流通代碼	AA	基礎高度	300㎜
地區名稱			1樓
建物規格名稱	新築工事	樓層高度	2230㎜
委託人			地板高度	0㎜
設計者		和室	天花板高度	0㎜
填寫人			門板裝設高度	2000㎜
坪數	22.76坪		地板高度	0㎜
樓層數量	平房	洋室	天花板高度	0㎜
填寫日期	0000年00月00日		門板裝設高度	2000㎜
模組	910㎜	屋頂傾斜	0.5

木材種類名稱	樹種	等級	材寬＊×材長＊
底座	加州鐵杉	防腐防蟻處理	105×105
火打底座	加州鐵杉	防腐防蟻處理	90× 45
大引	加州鐵杉	防腐防蟻處理	105×105
樑	Dry Beam	1等	105×105
火打樑	Dry Beam	1等	90× 90
管柱＊（大牆＊）	乾燥杉木	特選	105×105
隔間柱（大牆）	乾燥花旗松	1等	105× 30
1F斜木	乾燥花旗松	1等	30× 90
窗台	乾燥花旗松	1等	105× 45
窗戶門楣	乾燥花旗松	1等	105× 45

＊管柱：受到樑等其他結構的阻擋，在樓層內中斷的柱子
＊大牆：表面看不到柱子的牆壁
＊材寬：木材的水平
＊材長：木材的垂直

底座俯視圖

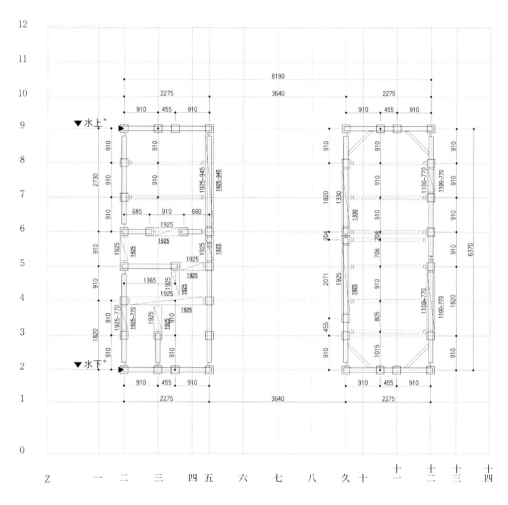

※水上：建築內讓水流動的傾斜地面之中，高度最高的部分
※水下：最低的部分

○底座：加州鐵杉 防腐 105×105
○大引：加州鐵杉 防腐 105×105
○火打底座：加州鐵杉 防腐 90×45
○管柱（大）：KD杉木材 105×105
※羽柄*加工：窗台門楣
※大引未加工建材：90×90×3m…1根
※未加工建材
. 隔間柱、 斜木、 暫時性的斜木
. 基礎墊片（KP-100 1箱）
○1F樓層高度：2,230mm（底層頂部～小屋樑頂）

＊羽柄：從原木切出柱子跟桁等較大的材料之後，用剩下部
　　　　分製作的小木條跟木板的總稱

主建築俯視圖

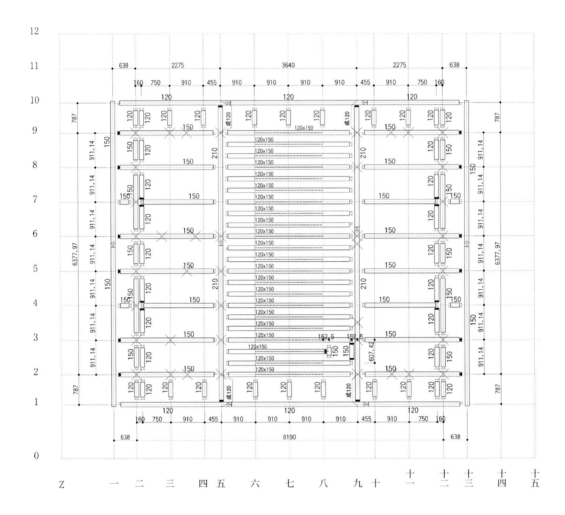

○屋頂傾斜：0.5寸
○樑、桁：KD花旗松 材寬105
○軒*的凸出：787mm（樑芯～樑心）
○妻*的凸出：638mm（樑芯～樑心）
※屋頂底板加工：910×1,820×24（實接）
※屋頂底板的凸出

　軒邊緣（水平）：軒的凸出+70mm

　妻邊緣：妻的凸出+60mm
※樑頂隔間柱用的凹陷：105×45×9@303

　（虛線部分以外的全部）
※樑底隔間柱用的凹陷：105×30@455.57

　（1F牆壁的部分）

＊軒：與棟木平行的屋簷
＊妻：與棟木呈直角的屋簷

住宅工程的詳細支出

基礎工程

單位：日圓

碎石〈1台車〉	14,000	混凝土用小螺絲	580
土間用膠膜	6,760	捆綁用鐵絲	180
鋼筋	50,000	固定螺栓 M12	830
基礎混凝土	184,275	圓釘	200
模板租借費用	30,000	鋼絲	456
震動壓路機租借費用	3,000	牙條棒3／8	1,320
金屬網	1,800	牙條棒1／2	436
路邊平台混凝土	33,000	墊圈	1,254
路邊平台碎石	5,000	螺帽	409
分段施工用螺栓	2,480	振動電鑽租借費用	500
接著劑型固定螺栓〈2根〉	819	其他	9,226
模板用隔板 定位板〈4m×12mm×57mm 2束〉	4,620		
水線	310		
混凝土電鑽	736	基礎工程 小計	352,191

木材

Pre-cut結構材		杉木材 牆壁底層材料〈4m×35mm×35mm 45根〉	15,592
底座、柱子、樑		杉木柱〈3m 105mm×105mm 4根〉	9,660
隔間柱、斜木		花旗松〈4m×30mm×105mm 3根〉	3,055
窗台、門楣		杉木材〈4m×40mm×40mm 1束〉	2,520
屋頂底板、暫時性的斜木		赤松 胴緣〈4m×18mm×45mm 4根〉	1,272
基礎墊片、金屬零件	927,655	**結構用金屬零件**	
其他		斜木用金屬零件、樑柱金屬零件等〈一套〉	18,949
杉木板、博風板〈4m×35mm×165mm 8片〉	14,557		
杉木板、博風板〈3m×35mm×165mm 6片〉	8,177		
杉木板、外牆胴緣〈4m×18mm×45mm 60片〉	17,010	木材 小計	1,018,447

其他的建材

項目	價格
針葉樹合板 實接〈厚24mm 16片〉	26,530
Kaneka的隔熱材〈厚50mm 14片〉	36,225
玻璃棉〈16kg㎥ 7條〉	47,040
裝飾板條〈牆壁收邊條〉〈17根〉	1,785
模板用的木板〈厚12mm 4片〉	4,546
龍腦香木合板〈2.5mm 3尺×6尺 1片〉	735
杉木板〈4m×35mm×200mm〉	1,890
椴木合板〈4mm 3尺×6尺 62片〉	64,393
椴木合板〈4mm 1m×2m 8片〉	16,800
石膏板〈12.5mm 3尺×6尺 1片〉	388
石膏板〈12.5mm 3尺×8尺 13片〉	7,780
耐水石膏板〈12.5mm 3尺×8尺 5片〉	5,670
日本扁柏	1,244
烤杉木〈2箱 寬135 厚10〉	23,100
杉木板 外牆〈23束〉	210,015
內裝 熟石膏〈4袋〉	7,560
底漆〈3kg×2桶〉	3,990
牆壁底層 油灰〈一套〉	3,000
玻璃纖維膠帶〈1捲〉	1,575
加州鐵杉〈1.82m×12×12 11根〉	2,398
加州鐵杉〈0.91×6mm×24mm 2根〉	256
杉木板〈1.82m×12mm×30mm 5根〉	1,490
杉木板	1,510
防水膠帶 兩面〈3捲〉	2,972
防水膠帶 單面〈8捲〉	6,432
透濕防水布〈1條〉	3,480
水性漆（白）〈1桶〉	598
外牆塗料〈1桶〉	34,400
刷子	1,268
抹刀	248
Masker（遮蓋用膠膜）	533
紙膠帶	380
塗料杯	95
罐子 塗料容器	198
稀釋液 亮光漆	448
稀釋液 油漆	298
滾筒	1,788
其他建材 小計	523,058

家具、門窗

對外訂購的門窗〈一套 門窗8片〉	200,000	和紙	11,400
內部訂購的門窗〈8片〉	104,000	澱粉漿糊	264
金屬零件費用〈一套〉	144,107	旋轉針	260
家具用底層等〈一套〉	89,712	運費	10,000
Flutter Rail（拉門用軌道）〈5條〉	3,858	其他	2,100
側滑式櫃門鉸鍊〈12個〉	2,890		
紗窗網〈1綑〉	4,000	家具、門窗 小計	572,591

供水、排水

Vu φ50	3,551	HIVP供水管〈13mm 3個〉	2,191
Vu φ100	7,744	HI、HT接著劑	1,438
Vu φ150〈2m〉	3,548	HT熱水管	15,893
排水井 90Y〈2個〉	4,180		
排水井 45Y	2,702	水管用止水膠帶	146
排水井 90L	2,009	HIVP插口〈13mm〉	48
排水井蓋〈5個〉	3,465		
水管用隔熱遮罩〈13mm用 2m 5個〉	2,886	裝飾性閥門	1,450
		金屬軟管〈2根〉	870
供水管主要管線分接工程〈一套〉	135,000	其他	25,483
水管固定用金屬	1,500	供水、排水 小計	214,104

跟水相關的設備

混入接著劑的砂漿〈2罐〉	15,120	抽油煙機換氣扇	44,100
薄塗用砂漿〈3袋〉	4,095	廚房水龍頭	15,750
水泥〈3袋〉	1,024	止水閥	5,880
砂〈8袋〉	1,874	廁所馬桶	104,000
耐水膠合板〈7片〉	12,127	洗臉台排水用金屬零件	3,843
浴室照明	1,880	洗臉盆	15,000
淋浴用水龍頭套件	25,032	洗臉台塗裝	2,100
		洗臉台水龍頭	12,530
FRP、玻璃纖維氈底漆〈一套〉	20,785		
水泥磚〈4〉	200	洗臉台止水栓	5,395
自攻螺絲	298	管線φ150	2,730
鍾型存水彎	1,280	洗衣機水龍頭	1,280
磁磚	7,224	洗衣機排水井	2,580
磁磚縫隙	1,533	圓形抽油煙機〈3具〉	3,240
磁磚用接著劑	3,180		
廚具頂板	70,350	跟水相關的設備 小計	384,430

屋頂

瀝青屋面材〈5捆〉	12,700
屋頂瓦棒鋪設〈1套〉	280,000
煙囪工程〈一套〉	3,675
屋頂 小計	296,375

電氣

電線VVF Cable〈2.0mm〉	5,600		插座遮罩〈14個〉	1,345
電線VVF Cable〈1.6mm〉	3,100		裝設用框架金屬零件〈1具〉	52
絕緣ㄇ型釘	135		LED燈泡〈1顆〉	2,980
開關盒〈7個〉	406		LED燈泡 投射燈〈2顆〉	3,295
電線連結器〈3條用 1箱〉	948		照明器具 落地燈〈8具〉	17,200
絕緣膠帶〈2捲〉	96		投射燈〈1具〉	2,550
圓形保護套（Ring Sleeve）	58		屋簷下落地燈〈1具〉	3,350
電線固定用金屬〈2個〉	146		管狀換氣扇（Pipe Fan）〈1具〉	5,480
開關〈7個〉	2,056		管狀換氣扇（Pipe Fan）〈1具〉	6,090
雙按鈕開關〈4個〉	2,184		分電盤〈1具〉	14,720
雙孔插座〈8個〉	1,985		接電、電源埋設工程 電錶盒等〈一套〉	29,400
三孔插座〈2個〉	716			
單孔插座〈4個〉	779			
防水插座〈2個〉	1,760		電氣 小計	106,431

雜費

申請確認	18,000
期中檢查	23,000
完工檢查	23,000
申請設置臨時電源	12,075
臨時電源的電費	2,683
自來水參加費用	39,900
水費	976
磚頭 化糞池〈2個〉	156
Slide Box〈15個〉	1,050
工業用手套	614
釘子	1,912
金屬網〈4片〉	756
埋入砂漿的金屬條〈5根〉	514
防腐膠帶	1,596
口罩	198
小螺絲	10,680
砂紙	108
PVC專用鋸	1,296
光洋化學 氣密防水膠帶	548
墨汁	100
鋸片	1,451
石膏板銼刀	2,180
板用倒角刀	980
美工刀	396
固定螺栓〈39根〉	800
螺栓套管	1,180
鑿子	3,426
六角螺帽	710
釘書針	520
Cemedine的接著劑	275
ㄇ型釘	115
填縫用底漆	598

填縫膠〈6條〉	3,472
紙膠帶	490
美工刀	256
水管用板手	1,780
接著劑類	4,088
塑膠袋	128
L型金屬	512
除蟲	698
基礎石	810
磨刀石	520
長型門栓	416
塗中層用的鏝刀	420
圓鋸機	11,800
墨斗	1,764
表面裝潢用起釘器	880
砂輪機	4,560
表面完工用釘子	2,620
機油〈機車用〉	880
清潔劑	1,554
白木用蠟	790
除蟻劑	498
塑膠布	398
砂輪機刀片	190
鑽石刀	1,980
保護用膠帶	928
水平尺	980
掃把	398
機械的租借費用	10,000
垃圾處理	10,000
汽油	25,257
其他	27,431
雜費 小計	268,291

總計 **3,735,918**日幣

2009年現在，不包含化糞池

造訪 Poulailler

我很少去東京。對於住在鄉下的我來說，東京就好像是去宇宙旅行一般的遙遠。

來到東京，是為了參加新宿的 LivingDesignCenterOZONE 所舉辦的「利用週末一起動手蓋房子」的活動。內容是在展示期間內，一般人與建設公司一起打造小型的住宅（或類似的建築），活動後拆解、轉移到宮城縣石卷市重新架構，當作書坊咖啡廳來活用。

在活動期間，我見到了鯨井勇先生。他在 30 年前就以 Self-Build 的方式打造自己的住宅，一路下來都在建築設計的領域之中活躍。我很榮幸的得到邀請，可以到他家拜訪。我在『昭和住宅 Memory 一個家會持續活下去』（X-Knowledge 出版）一書之中，就已經得知鯨井宅第的存在，做夢也沒想到能有機會親自造訪。

名為『Poulailler（法文：養鳥（雞）的小屋）』的這棟住宅，位在東京西部。搭乘電車的途中，就已經興奮到心臟噗通噗通的跳。一樣都是 Self-Build 的住宅，就算只有這項共通點，也讓人感到非常的高興。有點後悔沒有穿得更加正式。

走出車站的時候夕陽已經西斜，有如參加校外教學的小學生一般，用輕快的腳步走上斜坡。抵達之後先在周圍繞上一圈，觀察屋頂跟外觀來進行想像，「屋頂有煙囪，有裝暖爐那類的設備吧」。白熱

光源溫暖的亮光從窗戶朦朧的散發出來，讓人聯想到燉煮的料理。

打開玄關的門，似乎連室外的空氣也受到影響，讓人感受到不可思議的氣氛。

從玄關走上樓梯來到餐桌，揚聲器播放著BillsEvans的爵士樂，讓黃昏變得更加深沉。手工製作的照明形成各式各樣的陰影，這似乎就是窗外所看到的光。「恰到好處的暗度」不會太過明亮，讓人置身在沉穩的氣氛之中。也好像是在探險一般，流連在自己喜歡的場所。

「哦，找到暖爐了」

這個發現讓人得到一種莫名的滿足。或許是注意到我的視線，鯨井先生道出過去的經驗，說這座暖爐是由他們夫妻一起動手打造。這正是Self-Build最主要的特徵之一，每個部位都充滿回憶，可以一樣一樣的說給人家聽。聽到是由夫妻兩人動手打造，讓我想起跟另一伴一起作業的時候，氣氛變得相當僵硬。兩個人的共同作業，是互相彌補對方的不足來完成一件事情，我覺得這似乎是生活上不可缺少的。

來到庭園，看到自家的菜園，種有香料用的蔬菜跟水果。看著看著，就開始一樣一樣的確認農作物的種類。我家也來種檸檬好了，不行不行，這樣好像是在東施效顰，種醋橘好了……，心中出現奇妙的對抗心理。話說回來，鯨井宅第的這個庭園

不會太大也不會太小,「恰到好處的庭園」或許就是指這種感覺。

從庭園一方往住宅方向看去,發現架有梯子,通到屋頂的陽台。跟著鯨井先生一起爬上去,聽他訴說此處所能看到的景色,跟這棟住宅的故事。對於可以看到富士山這件事情相當感動,轉過身來,竟然連東京鐵塔跟晴空塔都印入眼簾。讓人覺得只要站在此處,連到東京觀光都可以免了。

回到家中持續探險。1樓地板下方的小畫室,讓人想起小時候的秘密基地。坐在這個只能容納一個人的小空間,可以讓自己暫時的與外界隔離,盡情的沉醉在創作之中。跟著鯨井先生的帶領,參觀一下夫

戰戰兢兢的,爬到Poulailler的屋頂。左邊是種有香料等蔬菜的庭園,讓人對今晚的料理有更深的期待。白熱燈泡的光線發出家的溫暖。♠

■Poulailler的外觀

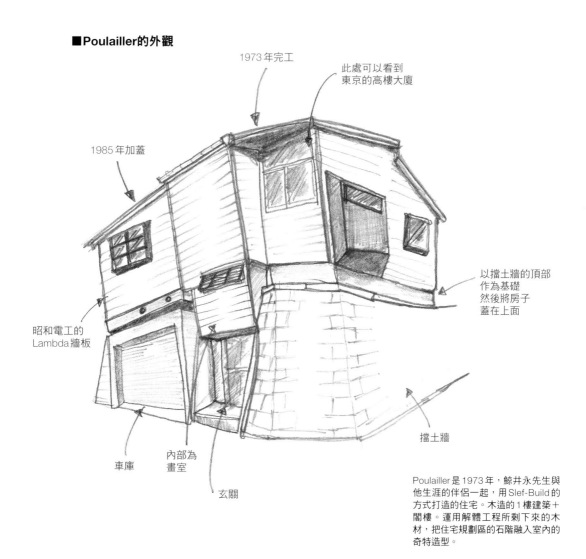

1973年完工

此處可以看到
東京的高樓大廈

1985年加蓋

昭和電工的
Lambda牆板

以擋土牆的頂部
作為基礎
然後將房子
蓋在上面

車庫

內部為
畫室

玄關

擋土牆

Poulailler是1973年，鯨井永先生與
他生涯的伴侶一起，用Slef-Build的
方式打造的住宅。木造的1樓建築＋
閣樓。運用解體工程所剩下來的木
材，把住宅規劃區的石階融入室內的
奇特造型。

人‧佳子小姐正在料理的廚房。

我也很喜歡料理，因此得好好觀摩一下廚房。各種器具毫不雜亂，清爽的陳列，這裡的大小一樣也是「恰到好處」。

飄散著料理的芳香，鯨井先生開了一瓶紅酒，真是令人感謝。賓至如歸的氣氛，讓人一不小心就忘了自己身為客人。再加上夫人那自然的舉止跟對應，讓人不自覺的放下緊張的心情。我主動的幫忙端上料理，希望能體會一下在此生活的感覺。心中幻想著如果出點小錯被夫人唸一下，應該可以更加幸福。

恰到好處……，所有一切都不會太大、不會太小，也沒什麼不方便的地方，一切都是剛剛好。

這個家開始使用，到現在已經過了39年。歲數跟我差不多。Poulailler跟我出生的時代雖然不同，卻擁有根本性的共通點，讓人情不自禁的抱持一種親近感。在落成的那一瞬間，跟屋主一起累積歲月，此處所發生的事情，全都化成記憶來滲入家中的每一個角落。「家」只是默默的看著住在此處的人們。不論歡喜還是悲哀，它都欣然接受。而這也正是「它」生命的象徵。

我家是否帶有這種「恰到好處」的感覺。我家在這之後也會持續的改良，朝完美的方向邁進，但這份「恰到好處」的感覺、讓居住者融入其中的氣氛，是否有辦法實現。

20歲的時候，只是一心想著「希望能自己蓋房子」，這種感觸在當時完全無法想像。我的家接下來會怎樣的變化，連我自己也不知道。對於累計歲月的住宅，希望可以永遠抱持心愛的情感，希望自己能在成長之中，找出「恰到好處」的感觸。

非常感謝鯨井先生、佳子小姐，在忙碌之中還能如此熱情的款待。我的心中充滿感激。

最後要感謝設計本書的山田達也先生、林慎悟先生、進行編輯的中野照子小姐。利用空閒時間在事務所進行作業，成為很好的回憶。讓本書企劃得以實現、統籌所有一切的大須賀順先生，以及協助製作本書的所有一切人員，本人由衷的感謝。

2012年12月

畠山悟

畠山悟（Hatakeyama Satoru）

1974年出生於京都府。在20歲之前就已經抱持將
來想要自己蓋房子的夢想。就算說給朋友們聽，
也被當作是在開玩笑。

之後進入住宅業界，埋首於營業跟住宅計劃的製
作、現場監督等作業之中。一開始雖然還想著蓋
房子的夢想，但在煩忙的工作之中漸漸遠離。有
一次在改建的現場跟屋主一起挑戰粉刷牆壁。一
開始雖然不太順手，但慢慢得到一種熟練的感
覺。年輕時所抱持的想法漸漸甦醒，終於動手蓋
了自己的房子。這間住宅得到「居住環境Design
Award 2012」的最優秀獎。以此為契機，漸漸展
開推廣Self-Build的活動。

Design 和俱
京都府宮津市
Hatakeyama.satoru@beige.plala.or.jp

*

TITLE

大師如何設計：找地蓋一間完全自我的好房子

STAFF

出版	瑞昇文化事業股份有限公司
作者	畠山悟
譯者	高詹燦　黃正由
總編輯	郭湘齡
責任編輯	黃美玉
文字編輯	黃雅琳　黃思婷
美術編輯	謝彥如
排版	執筆者設計工作室
製版	大亞彩色印刷製版股份有限公司
印刷	桂林彩色印刷股份有限公司
	綋億彩色印刷有限公司
法律顧問	經兆國際法律事務所　黃沛聲律師
戶名	瑞昇文化事業股份有限公司
劃撥帳號	19598343
地址	新北市中和區景平路464巷2弄1-4號
電話	(02)2945-3191
傳真	(02)2945-3190
網址	www.rising-books.com.tw
Mail	resing@ms34.hinet.net
初版日期	2014年12月
定價	360元

國家圖書館出版品預行編目資料

大師如何設計：找地蓋一間完全自我的好房子
/ 畠山悟插圖.文章；高詹燦,黃正由翻譯. -- 初
版. -- 新北市：瑞昇文化, 2014.11
200面；18.2 x 25.7公分

ISBN 978-986-5749-78-1(平裝)
1.房屋建築 2.室內設計

441.52　　　　　　　　　　103019965